FAO中文出版计划项目丛书

指导委员会

FAO中文出版计划项目丛书

译审委员会

本书译审名单

翻　译　马　莹　朱增勇　郝　娜　森巴提·叶尔兰　黄艳芳　张兆方　郑　君

审　校　马　莹　朱增勇　浦　华

致 谢

ACKNOWLEDGEMENTS

联合国粮食及农业组织（以下简称联合国粮农组织）和世界卫生组织谨向所有在会议前、中、后，以及有关此问题的预备会议上通过利用自己的时间、专业知识和其他相关信息为编写本文作出贡献的人们表示感谢。特别感谢安娜·玛丽亚·德·罗达·胡斯曼（Ana Maria de Roda Husman）担任会议主席；罗布·德·容格（Rob de Jonge）、安娜·阿连德·普列托（Ana Allende Prieto）、安德斯·达尔斯加德（Anders Dalsgaard）和苏珊·克纳切尔（Susan Knøchel）准备背景材料；苏珊·佩特森（Susan Petterson）主持了关于初级生产中用水的分组讨论会；马克·索布西（Mark Sobsey）主持了渔业生产用水专题会议及里昂·戈里斯（Leon Gorris）主持了渔业水回用专题会议。所有的贡献者均列在以下页面中。

联合国粮农组织和世界卫生组织也衷心感谢加拿大、日本和美国为支持该项工作所提供的财政资源。

参会者名单
PARTICIPANTS

安娜·阿连德（Ana Allende），塞古拉土壤科学与应用生物学中心-最高科研理事会（CEBAS－CSIC），西班牙。

菲利普·阿莫阿（Philip Amoah），高级研究员，国际水管理研究院（IWMI），加纳。

马蒂恩·布克内格特（Martijn Bouwknegt），VION食品集团食品安全研究经理，荷兰。

安德斯·达尔斯加德（Anders Dalsgaard），哥本哈根大学兽医与动物科学系兽医公共卫生学教授，丹麦。

罗布·德·容格（Rob de Jonge），国家公共卫生及环境研究所（RIVM）人畜共患病与环境微生物学中心，荷兰。

安娜·玛丽亚·德·罗达·胡斯曼（Ana Maria de Roda Husman），国家公共卫生及环境研究所（RIVM）人畜共患病与环境微生物学中心，荷兰。

帕特里夏·德斯马切利耶（Patricia Desmarchelier），食品安全原则委员会主任，澳大利亚。

帕特雷切尔（Pay Drechsel），国际水管理研究院，斯里兰卡。

里昂·戈里斯（Leon Gorris），联合利华研发部，荷兰。

苏珊·克纳切尔（Susanne knφchel），哥本哈根大学食品科学系教授，丹麦。

伊丽莎白·兰伯蒂尼（Elisabetta Lambertini），美国三角研究所食品安全与环境健康风险首席调查员，美国。

苏珊·佩特森（Susan Petterson），格里菲斯大学医学院副教授，水与健康有限公司董事，澳大利亚。

帕特里克·斯梅茨（Patrick Smeets），KWR水循环研究所微生物水质与健康高级研究员，荷兰。

马克·索布西（Mark Sobsey），北卡罗来纳大学环境科学与工程教授，美国。

托尔·阿克塞尔·斯滕斯特伦（Thor Axel Stenstrom），德班理工大学教授，南非。

秘书处

马库斯·利普（Markus Lipp），联合国粮农组织，食品安全与质量部高级食品安全官员，意大利。

周康（Kang Zhou），联合国粮农组织，食品安全与质量部副专业官员，意大利。

埃丝特·加里多·加玛罗（Esther Garrido Gamarro），联合国粮农组织，渔业和水产养殖部准专业官员，意大利。

村上里子（Satoko Murakami），世界卫生组织，食品安全和人畜共患病司风险评估和管理部技术官员，瑞士。

凯特·奥利弗·梅利科特（Kate Olive Medlicott），世界卫生组织，公共卫生部、卫生环境与社会决定因素部、水卫生部、废水与卫生部负责人、技术官员，瑞士。

列克·弗里德里希斯（Lieke Friederichs），世界卫生组织水和食物病原体风险评估合作中心，国家公共卫生及环境研究所，荷兰。

顾问

约瑟夫·莫拉斯（Josep Molas Pages），可口可乐公司，西班牙。

莎拉·卡希尔（Sarah Cahill），联合国粮农组织/世界卫生组织联合食品标准计划高级食品标准官员，意大利。

张玲萍（Lingping Zhang），联合国粮农组织/世界卫生组织联合食品标准计划食品标准官员，意大利。

杰弗里·勒琼（Jeffrey LeJeune），联合国粮农组织食品安全与质量部，食品安全与抗生素耐药性顾问，意大利。

利益声明
DECLARATIONS OF INTEREST

所有参会者在会议前填写了“利益声明”表格，根据所提供的资料，有四名专家作为技术顾问参加了会议。

会议开始时，所有声明及最新情况的更新均向参会者提供和公开。所有专家均以个人身份参加，并不代表其国家、政府或组织。

缩略语

ACRONYMS

AMR	抗生素耐药性
CAC	食品法典委员会
CCFH	食品卫生法典委员会
CCP	关键控制点
CFU	菌落形成单位
DALYs	残疾调整生命年
DSS	决策支持系统
DT	决策树
EC	欧盟委员会
EFSA	欧洲食品安全局
EU	欧盟
FAO	联合国粮食及农业组织
FDA	美国食品药品监督管理局
FSMS	食品安全管理体系
GAP	良好农业规范
GDWQ	饮用水水质准则
GHP	良好卫生规范
HACCP	危害分析和关键控制点
ILSI	国际生命科学研究所
LGMA	加利福尼亚州绿叶产品经销商营销协议
NACA	亚太水产养殖中心网
QMRA	定量微生物风险评估
RA	风险评估
WHO	世界卫生组织
WSP	水安全规划
USA	美国

执行概要
EXECUTIVE SUMMARY

从初级生产到消费，水是主要投入品，贯穿食品价值链的各个阶段。水可以直接或间接接触食品，并用于维护整个食物链中的环境卫生。全球水资源在日益减少，并非所有食品的主要生产商与加工者都能获得安全的水资源。水资源需谨慎使用，如果对消费者不存在健康风险，则可以循环再利用。2016年11月第48届会议上，食品卫生法典委员会（CCFH）指出了水质在食品生产中的重要性，并请求联合国粮农组织和世界卫生组织为《国际食品法典》文本中提到的使用“清洁水”的情况及关于水的安全再利用提供指导，尤其是灌溉水和清洁海水。此外，还就使用“清洁水”的适当地点寻求指导。

为解决该需求，2017年，在荷兰比尔多芬举行了**第一次专家会议**。专家指出，今后工作应集中在以下几个方面：

- 考虑到食物链中用水情况，制定适用的概念；
- 根据生鲜农产品、渔业产品和食品生产中水再利用在健康保护和全球贸易中的重要性来选择并确定优先领域；
- 与具有相关专业知识的专家协商，评估现有的食品和水安全指导材料，以利用这些领域间的协同作用，确保与食品工业的相关性；
- 通过使用决策支持系统（DSS）工具［例如决策树（DT）］提供的实用指南，其中包括对风险的评估和监测的使用，以确保水质安全；
- 其他终端产品，例如终端用户的通信工具。

2018年，联合国粮农组织在意大利罗马举行了**第二次专家会议**，讨论工作建议。为三个优先领域的用水安全成立了工作小组，即生鲜农产品部门、渔业部门和企业用水再利用。

本报告提供了**2018年会议的执行概要**。

会议评估了生鲜农产品和渔业部门关于安全用水和食品企业水回用的现行指导和知识，以及确保水和食品供应安全的风险管理办法。这些评论为专家们提供了背景资料，供他们考虑制定适合目标的概念和决策支持系统工具。

基于人口增长和环境挑战的巨大压力，会议强调了全球水资源可持续管理的重要性。一部分农民、食品经营者和生产者无法获得安全用水，而对于其他人而言，安全用水和废弃物排放正在增加财政和环境成本，因此，尽量减少用水与浪费，并循环再用水是十分可取的。目前，食品法典委员会、国际机构和主管部门对初级生产以及进一步的食品经营与加工过程中的水安全指导意见不一致，且不易被食品企业遵循。

为确保饮用水和食品安全，采取风险管理方法的原则存在相似之处。例如，它们需以风险和证据为基础，在总体水安全规划（WSP），或基于卫生的前提条件及危害分析和关键控制点（HACCP）方案的结构化食品安全管理体系（FSMS）的框架内实施降低风险的措施，并需要进行验证和监测，以确保计划或系统按预期运行。然而，在食品生产中，还需解决其他复杂问题，涉及食品、初级产品和加工系统、水-食品-微生物相互作用、微生物危害以及影响其在供应链不同阶段存在和控制的因素、食品最终用途的高度多样性和变异性。

食品生产中最安全的选择可能是使用饮用水或具备饮用水质量的水。但是，这通常不是一个可行、实用或负责任的解决方案，而且其他类型的水可以满足某些目的，只要它们不损害终端产品对消费者的安全性即可。解决食品安全和用水或回用水的风险管理计划必须在其制定和实施中考虑诸多因素；涉及的其他因素包括工人的职业安全、对特殊专业知识的需求、投资、成本效益分析以及对消费者理念的引导。

决策支持系统工具（例如决策树或矩阵）被认为是有用的风险管理工具，用于协助利益相关者在供应链中的特定步骤就水的适用性和所需质量（饮用水或其他合适品质）做出决策，以供使用或再利用。重要的是，此类决策支持系统工具应基于对食品健康风险的最终评估，解决特定步骤和地点的用水问题。正如会议方案所示，食品生产中存在大量多样性，例如，涉及的食品类型，食物与水的相互作用，特定的水传播的食品安全危害，它们通过不同食品传播给消费者的可能性和程度。这意味着不可能有一种决策支持系统工具适用于所有食品生产，并且每次用水都需根据具体情况来解决。针对生鲜农产品、渔业产品和水回用情况制定了以风险为基础的高水平决策树，并提供了进一步指导的方向。该报告提供了针对这些情况的一般方法，可直接应用，但在大多数情况下，该系统的实施需要对具体案例进行评估和完善。

建议：在法典文件中，需更加强调基于风险的安全用水和回用水方法。在法典标准中，如果没有特别指定使用饮用水或者在某些情况下使用其他水质类型，应阐明基于风险的评估方法并评价水的适用性。

三个工作组在提出解决方案时确定了跨领域问题。

由于目前对食品行业价值链各阶段用水类型的验证和确认，以及运行和监测缺乏指导，需要解决食品初级生产和加工过程中**安全用水的微生物质量标准**

规范问题。不同国家推行的标准不一致。微生物指标通常被用作水中病原体（细菌、病毒、寄生虫）检测的替代品。然而，在许多不同情况下，对于最适用的微生物指标种类及危害水平尚无普遍共识，其科学依据是复杂且具有争议的。

关键点如下：

- 应在风险评估基础上，同时考虑《国际食品法典》关于风险管理和风险指标的指导，递进式地建立微生物标准；
- 在评估食品安全中的安全用水时，大肠杆菌水平不是适当的水质衡量标准，因为它并没有被当作环境或水处理过程中可能存在的各种细菌、病毒和寄生虫的代表性指标；
- 评估目前使用的通用标准范围，提供高层次方法的标准，需要采用更具体的标准；
- 可采用与水安全规划相同的方法探索特定行业标准的可行性，某些有具体危害的行业，例如海产品中的海洋微生物，现场及在线使用标准均需要工具；
- 许多国家饮用水资源有限、缺乏安全饮用水及卫生设施，是制定微生物标准时需要应对的挑战。

建议：应开展进一步工作，建立适用的微生物标准。

专业技能和数据差异限制了基于风险的方法的应用，并引发了不确定性。对通过水引入的微生物危害的行为和持久性，水与供应链不同阶段的各种产品和不同环境间的相互作用，不同阶段降低风险、改善水质措施的有效性，以及水回用中不可预见的污染等，都缺乏了解。用于风险评估的定性（尤其是定量）数据十分有限，甚至某些地区还没有。

为对食物链中安全用水进行有效风险管理，将包括教育和培训在内的**交流工具**以及鼓励改变行为的计划确定为基本要求。“适合目的的方法”的概念以及使用决策支持系统和其他工具实施指导，只有在食物链参与者意识到这种方法对其业务的价值时才有效。

在食品生产和加工中向食品行业、客户、监管机构、公众和其他人传达安全水循环使用时，应使用适当的术语，以减少对水回用会导致不安全产品的错误观点。

建议：探索方法，以改变行为并且能够接受适用的概念和方法。

目录
CONTENTS

0 引　　言

2016年11月第48届会议上，食品卫生法典委员会（CCFH）指出了水质在食品生产中的重要性，并请求联合国粮农组织和世界卫生组织为《国际食品法典》文本中提到的使用“清洁水”的情况及关于水的安全再利用提供指导，尤其是灌溉水和清洁海水。此外，还就使用“清洁水”的适用性提供指导。

联合国粮农组织和世界卫生组织联合进行的初步评估强调，现有准则主要针对水和卫生管理人员，并考虑到食物链用水的某些特定情况下，明确了与食物安全管理人员有关的领域中需要解决的缺口。与食品部门用水有关的许多问题令人关注。许多初级生产者和食品加工者在获得饮用水或安全水方面面临挑战；任何人都不能认为获得安全饮用水和持续获得用于食品生产和加工用水是理所当然的。极端天气发生的时间（干旱、洪水等）日益频繁，影响水的供应与质量，并对水资源造成更大压力。此外，食品行业在管理废水和优化利用水资源方面面临着不断增加的成本与挑战。在此背景下，仔细研究初级农产品和食品加工中用水的水质，是十分必要的，以便更好地明确和优化现有水资源的使用，同时不损害成品产品的安全性。

《国际食品法典》中使用了两种水质类别：“饮用水”和“清洁水”，其中清洁水的质量次于饮用水。食品法典委员会（CAC）在CXC 53—2003（CAC，2003a）中将“清洁水”一词定义为“在使用过程中不损害食品安全的水”，并在许多法典中使用。执行法典准则的主管部门所面临的挑战，是如何将指南中建议使用清洁水的准则转化为初级生产者和食品加工者的操作准则或目标，从而使他们能够将此类目标作为食品控制或食品安全管理项目的一部分，实施监测。

0.1　进程

为满足食品卫生法典委员会的（CCFH）要求，联合国粮农组织和世界卫生组织成立了一个食品和水安全与水质多学科核心专家小组。预计工作计划将在2～3年内取得进展。核心专家组将为与他们专业相关的工作计划提供监督与投入，并将邀请其他专家提供所需投入。

2017年6月21—23日，联合国粮农组织和世界卫生组织在荷兰的比尔多芬举行了核心专家组第一次会议，作为满足食品卫生法典委员会关于在初级生产和食品加工用水质指导要求的起点。

会议结论与今后的工作领域如下。

a. 适用的“清洁水”概念

必须考虑整个食物链对水质的要求，同时考虑用水的目的，与用水有关的潜在危害以及是否有任何后续措施来进一步降低污染的可能性。每个国家、地区、环境的水的可用性、水质以及食品的供应情况不同，正如世界卫生组织饮用水安全办法的建议，水质的改善应逐步提升。尽管不同情况下水质不同，但必须适合用于特定目的。在确定水是否适合特定目的时，必须考虑水源和潜在危害，处理方法和其功效，多重保障措施以及食品的最终用途（例如生食）。

b. 不同部门的用水和回用水

工作组从卫生保护和全球贸易的角度审议了部门的优先事项。

生鲜农产品。在种植和收获后与受污染的水接触已成为一个重要因素。生鲜农产品初级生产中使用的水是很重要的，因为这是一个使用再生水灌溉的主要部门。灌溉和收获后的用水均要被考虑。

渔业产品。适用的水在不同的情况下存在差异，应该考虑鱼是死是活，是完整的或切成鱼片，以及生食或烹熟。

食品企业中回用水。重点将放在企业内的水回用和更广泛的废水利用上。由于对排水的要求和成本不断增加，以及全球贸易产品的可接受性，水回用已成为食品工业的一个新兴问题，被视为重中之重。

核心专家组指出：

- 世界卫生组织和其他地方已经提供了许多指导性文件。但是，由于它们与食品生产的相关性各不相同，因此有必要进行筛查。将评估现有的针对具体部门的指导文件，包括具体部门的专家，以及业界为支持这项工作而进行的咨询；
- 食品安全管理方法适用于水安全环境，强调了两个领域间强大的协同作用；
- 在食品加工中，与食品成分一样，水质量一个重要特征是与水供应商间关系的本质，在采取上述步骤时，水供应商有时可能是重要的信息来源。

c. 风险评估与监测

风险评估和监测是一个适用于所有部门的首要问题，用来定义是否是适用水。在该领域已经有许多指导文件。基于现有工作进行风险评估和监测是很重要的，因此要评估现有文件，以获取与食品安全管理人员相关的关键点信息。

d. 决策树方法

作为实践指导，能够进行潜在风险评估（RA）的决策树（DT）方法被视为有用的决策支持系统工具，在鉴定水是否适用时，用于评估指标微生物含量水平的降低机会有多少。基于现有工作建立决策和方法是很重要的，因此要评估该方法有关的现有文件，以获取与食品安全管理人员相关的关键点信息。

e. 其他终端产品

强烈建议使用终端用户的通信工具。

0.2　会议背景材料

为会议准备了一系列的背景评估。现有大量资料，按照评估人员要求仅在主题领域概述关键点。附件提供了第 2～5 章的主要参考资料清单。

1 用水安全是食品生产安全管理计划中的关键要素

食品法典委员会（2003）、世界卫生组织（2006b）、其他国际组织（如国际生命科学研究所，2008）及主管部门就处理食品用水的安全要求提供了指导。

食品法典（CXC 1—1969 Rev. 4—2003）（CAC，2003b）的食品卫生一般原则包括以下几方面：

• 食品加工中应仅使用饮用水，但以下情况除外：

> 用于与食品无关的蒸汽生产、消防及其他类似用途；

> 在某些食品加工中，例如冷藏和在食品处理区域内，只要不对食品的安全性和适用性造成危害（例如使用清洁的海水）。

• 循环再利用的水应进行处理并保证处理后不发生进一步变化，即使用该水不会对食品的安全性和适用性产生风险。处理过程应得到有效监管。可以使用未经进一步处理的循环水，以及通过蒸发或干燥从食品加工中回收的水，只要其使用不会对食品的安全性和适用性构成风险。

• 如果水是产品的一部分，在必要时应使用饮用水以避免食品污染。

• 与食品直接接触的冰块应该由饮用水制成。与食品或者接触食品的表面的蒸汽不会构成对食品安全性和适用性的威胁。应生产、处理和储存冰和蒸汽，以防止受到污染。

• 饮用水应符合最新版的《世界卫生组织饮用水质量准则》或更高标准。

• 为确保食品的安全性和适用性，应在必要时提供充足的饮用水，并提供安全的设施用于存储、分配和控制温度。

2 不同部门的用水：生鲜农产品

2.1 收获前

2.1.1 标记何处用水以及如何用水

• 农业对全球可再生水资源造成巨大压力（占全球淡水取水量的66%～95%），其中灌溉土地占总灌溉面积的21%。各国之间和各国不同地区间用水方面存在显著差异。

• 农业用水的潜在用途包括灌溉和施肥以及其他多样的叶面施肥应用。

• 种植者利用各种水源进行田间作业和灌溉。需要具备相关知识，以便能够区分不同的风险因子和病原体存活和携带状态，这与不同的水源、病原体浓度、水和废水处理以及其他用水条件有关。

• 农业用水的潜在来源是地表水、地下水、雨水和回用水。在干旱和半干旱地区，灌溉用水的很大一部分是废水（经过处理和未经处理）。

• 农业用水的微生物学质量主要取决于水源和分配系统。灌溉水源可以按照微生物危害风险大小来排名：饮用水或雨水、深层地下水、浅地下水、水井、地表水和未处理或处理不当的废水。

• 种植者可以使用几种灌溉系统来灌溉农作物，包括滴灌、犁沟和高架灌溉。在实验中，与喷雾和地面灌溉方式相比，地下灌溉方法似乎降低了污染风险。水、作物和环境中的微生物清除速率受多种因素影响。

• 目前，关于灌溉水的微生物学质量和相关风险因素的信息不足，需要基线数据来充分表征风险范围。分析参数差异，各国之间和各国不同地区的范围值差别很大。

• 该领域的挑战包括：

> 灌溉水微生物负荷与灌溉生鲜农产品的微生物学质量之间缺乏结论性且一致的相关性；

> 在评估适合收获前用途的水质的微生物参数上缺乏共识，即指标微生

物的选择和使用可能有所不同，因而存在争议；

＞ 部门之间就风险管理中使用这些参数的微生物标准、准则和法规达成的协议有限；

＞ 对水中病原体的情况及其在灌溉生鲜农产品中的存在、转移和存活的了解有限；

＞ 农产品零售商实行严格的质量保证计划，用来作为预防变质微生物、病原体或两者并存的策略以及营销工具。

• 种植者需要了解他们在特定地点使用的灌溉水中的微生物质量。如果他们只能使用中低质量的水源，则应在使用前对水进行处理，减少或消除生鲜农产品与此类灌溉水的接触。

2.1.2　与食品安全相关的决策支持系统

• 世界卫生组织、联合国粮农组织、国家主管部门、行业团体、其他国际组织和学者可使用决策支持系统来确定农业用水是否具有适合其预期用途的质量。决策树共有两种方法：

＞ 根据农业用水的叶面或非叶面应用以及微生物检测结果，推荐或强制要求农业用水最低需求（美国）。美国食品药品监督管理局正在考虑在农产品灌溉水管理中使用该方法。

＞ 基于农业用水来源的方法，特别是来自脆弱地区以及是否受到污染的水源，欧盟地区农业实践多样化，已经考虑采用该种方法。

• 确定决策树的关键要素包括：

＞ 表征水源以及分配和使用系统，以识别与特定地点水源相关的风险；

＞ 根据施用类型（叶面或非叶面）和作物类型（如绿叶蔬菜与果树）确定风险；

＞ 基于普通大肠杆菌的定量检测和监测；

＞ 抽样的频率和严格程度，在某些情况下，根据确定的潜在风险进行定义。

• 大多数决策树包含简单的是/否答案。最复杂的过程包括识别水回用系统中的关键控制点。

• 决策树可以设计提供其他信息，以帮助种植者了解风险和可用的潜在干预措施。强烈建议使用此方法。

2.1.3　水质目标

• 需要协助种植者确定与农业用水及其用途相关的风险，了解进行水抽样的程序，并在需要时选择最佳缓解措施，以减少特定地点的病原体。

• 主管部门间就生鲜农产品灌溉用水的微生物最佳限量、质量标准定义、监测目标以及评估水源适用性和保持质量一致性等方面未达成共识。

• 除饮用水外，缺乏针对不同或替代水源的可用指南，限制了种植者的决策。

• 粪便指标生物如大肠杆菌，由食品工业、环境机构和公共卫生组织进行例行监测，作为在验证、操作和监测病原体检测中的一种实用且经济的替代方法。

• 微生物指标和食源性病原体之间的复杂关系，使得通过测量微生物指标预测生鲜农产品和灌溉用水中的病原体水平成为一项挑战。无法通过简单、一致和线性关系来预测病原体水平。但是，微生物指标可以协助种植者和生产者监测和控制灌溉水质。

2.1.4 潜在的干预策略

• 与农业灌溉用水相关的处理包括混凝、絮凝、过滤和其他物理或化学消毒，例如使用氯基消毒剂和紫外线灯（UV-C）的方法。

• 使用化学消毒剂时需要考虑的问题包括有机生产系统的适用性，以及与使用一些化学消毒剂有关的有毒性消毒副产品的潜在积累，在灌溉水中聚集后会转移到生鲜农产品上。

• 降低微生物风险的措施包括：收获前，作物食用部分干燥和日晒时的紫外线会杀死微生物；使用避免水与农作物可食部分直接接触的灌溉系统；最大限度地扩大灌溉用水与作物收获之间的间隔。

• 应当指出的是，尚未对多种消毒技术在不同地点的适用性进行评估，也未提供有关维护、成本、安全性和毒理学副作用等相关信息。

2.1.5 水质对终端产品的影响和挑战

• 施用污染的灌溉水后，生鲜农产品中病原体的生存期差异很大（某些病原体生存期为1～56天，甚至可能更长），这可以归因于许多不同的因素，尤其是微生物接种物的类型、数量以及当前的季节性条件。

• 制定农业用水所需的可靠检测指标，以确保食品安全计划的有效性。对水与生鲜农产品中的指标和病原体相关关系的研究表明，其在设计、产品类型、灌溉方式、收获后加工方法、地理位置和变异性方面存在正相关。

• 灌溉水的微生物负荷与生鲜农产品之间缺乏一致相关性，原因可能是粪便指标和生鲜农产品中个别病原体的可变衰减率受多种因素影响，病原检测及计数也存在困难。

• 在用于将微生物负荷与终端产品中的健康风险联系起来的定量微生物

风险评估（QMRA）中，水和农作物中食源性病原体的低发生率和低密度，以及微生物学模型模拟农业环境中病原体行为或指标的有效性不高，是导致数据缺口的主要原因。

• 普通大肠杆菌可以用来比较水中病原体减缓策略的效果，评估影响终端产品中病原体来源的水源、灌溉方式、生产系统及病原体消减率。然而，对于所有种类的病原体，尤其就病毒、寄生虫和真菌的发生、特性和风险而言，普通大肠杆菌是一个不充分的微生物指标。

• 如前所述，由于微生物指标和食源性病原体间关系的复杂性，通过测量微生物指标预测灌溉用水和生鲜农产品中的病原体水平，是十分具有挑战性的。

2.2 收获后

2.2.1 标记何处用水

• 下列过程中用水：农产品收获时和收获后处理过程（例如洗涤、漂洗、冲洗、冷却以及用于一般清洁、卫生和消毒），鲜切/冷冻增值产品制作，分销和终端用户处理（包括零售、餐饮服务和消费者使用）。

• 由于大量消耗饮用水，鲜切农产品和冷冻果蔬制作是耗水最严重的做法之一。

• 由于果蔬之间以及单一产品品种内的不同特性（例如微生物理化性质），包括所涉及的操作类型，导致选择使用单个适用方法来确定用水和水质变得十分复杂。

• 大多数收获后农产品加工商均考虑回用水以节约用水和能源（例如用于垃圾箱倾倒、水冷、水槽再循环和洗涤）。这种做法意味着污垢、有机物、病原体和化学残留物会在工艺用水中积聚，导致不同批次间的交叉污染。

• 当前的大多数建议都特别指明，与生鲜农产品接触且通常未进行上游微生物灭活或还原处理的收获后用水，应保障所有收获后使用和处理过程中的用水具备饮用水质量。

• 欧盟委员会（EC）的指导文件（2017），通过良好卫生措施解决初级生产中水果和蔬菜的微生物风险，规定非即食新鲜水果和蔬菜收获后冷却和运输时，即食生鲜农产品首次洗涤时，清洁水中大肠杆菌最高水平为每100mL中含有100cfu。

• 收获后农产品处理用水中的微生物学质量可以改变，尽管这可能很复杂且成本高昂。然而，为了尽量减少微生物污染、产品交叉污染和微生物渗入产品，应采用适当的消毒方法并进行监测。

2.2.2 与食品安全相关的决策支持系统评估

• 有多种决策树工具侧重于收获后用水的质量，这些用水与收获时或收获后生鲜农产品的可食用部分接触。在大多数情况下，规定收获后用水应符合饮用水的微生物标准。

• 加工层面上，在清洁、分级、冷却和表面处理过程中接触生鲜农产品的水被广泛认为是避免生鲜农产品交叉污染的重要病原体控制点。

• 最小化风险的要点包括：

＞整个操作过程中必须保持用水质量；一般性的洗涤、水槽系统和回用水需要特别注意。

＞可以结合消毒处理进行清洗，以减少微生物污染；与粗糙质地或多孔产品相比，光滑、蜡质的产品，能够更有效减少微生物。

＞适当水平的抗菌化学剂可以最大程度地减少回用水中的微生物交叉污染，但必须定期监测、监控和记录。

＞在运输和存储过程中，应特别注意与产品接触的冰块在卫生条件下使用。

＞用于冷却产品的水不应含有人类病原体。

＞初次使用或一次性使用的冷却水可用于蔬菜的冷却。

＞如果重新利用蔬菜的冷却水，水中则应有足够的消毒剂含量，并监测消毒剂含量水平，以减少交叉污染的潜在风险。

＞产品的放置和存储不应造成交叉污染。

＞储水箱及其卫生维护应列入相关的卫生计划中。

• 决策树和矩阵示例包括：

＞简单的水源矩阵和预期用水，设定水的分析值，用于监测用水时的粪便污染指标（大肠杆菌指标）。

＞决策树旨在帮助种植者和生产者在决策过程中避免食品安全问题，在是/否的决策点和补救措施中为种植者和生产者提供说明和指导。

＞特定商品的决策树（例如用于去核）包括微生物标准、取样计划和验收标准。

＞用于选择理想处理技术或水回用的处理决策矩阵。

2.2.3 水质目标

• 参阅第 2.1.3 节中农作物收获前关于微生物水质目标的局限性与挑战的评论。

• 通常使用大肠杆菌和大肠菌群来评估收获后洗涤水的微生物质量，即使它们对这种作用的适用性存在争议。大肠菌群被看作不是粪便污染的可靠指标，因为有些物种（如克雷伯氏菌属和肠杆菌属）不一定是来源于粪便，并且可以在与各种植物相关的有利环境中繁殖。

• 一些国家监管水质［例如，与收获农作物的可食用部分直接接触的水或用于食品接触表面（例如设备或器具）的水］，用水必须达到规定的最大污染物水平或“目标”，或者使用经批准的足够浓度的消毒剂以防止交叉污染。

• 需要确定新的可靠指标和在线检测方法以对其进行监测，支持逐案评估、实施风险评估及危害分析和关键控制点（HACCP）的原则。

• 可能会出现影响更大程度上实施水回用以节约能源的一些问题，与可用指标类型有关。在大多数情况下，这些指标不是衡量病原体存在浓度以及消费者安全性的直接指标。

2.2.4　潜在的干预策略

• 为实施潜在的干预策略，了解水消毒过程并验证其对特定农产品安全性的有效性，是至关重要的。需要考虑的关键点和挑战包括：

＞ 单纯的洗涤产品不是消除污染的有效办法，即它不能去除或杀死产品保护性表面上的病原体，这种病原体黏附在农产品表面可能已经渗入农产品中。

＞ 水消毒的目标是防止交叉污染，避免微生物在收获后处理过程中从加工用水转移到生鲜农产品以及从一种农产品转移到另一种农产品中。

＞ 水果和蔬菜领域的加工用水在水质参数方面（例如溶解固体、化学需氧量和微生物质量）变化很大，这使得实施适合所有产品的标准处理方案成为一项挑战。

＞ 法规可以规定如果水不存在病原体污染的风险，则可重复使用。除非主管部门确信水质不会影响成品食品有益健康的特性，否则这种回用水可能需要具有与饮用水相同的质量。如果食品经营者在水果和蔬菜收获后加工过程中不检查回用水的质量，以上这一点就至关重要。

• 世界卫生组织《饮用水水质准则》（WHO，2017）建议采用一种风险效益方法，该方法应在确定具体要求时考虑在特定地点范围内保障公共卫生和水的供应，这些指导方针可以用到生鲜农产品的水回用中。

• 食品法典委员会在《食品厂加工水回用卫生准则和原则（草案）》（CCFH，2001）中强调使用饮用水，但也强调替代水质不会对产品的安全性和适用性造成危害。

• 需要更科学地定义此类替代水中具体微生物和其化学特性，以最大程度地减少微生物污染和健康风险。

• 有许多收获后的干预策略可以对收获后的水进行消毒以供再利用和处置。它们在技术、作用方式、功效、消费者可接受性以及对个别农产品和加工作业的适用性方面有所不同。生鲜农产品行业中最常用的消毒剂是氯基化合物。

• 生鲜农产品加工商可采取多种策略来减少淡水消耗和废水产生，例如使用用水量较少的单元操作；优化工厂内的水循环；采用直接回用和对饮用水质量进行再处理后利用。有关回用水的更多信息，请参见本报告的第 4 章。

2.2.5 水质对终端产品的影响

• 关于水质对生鲜农产品中特定微生物的生长和存活率的影响知之甚少。

• 在收获后的作业过程中，监测和维护加工用水的质量对终端产品的安全性和质量都至关重要。

• 微生物定量风险评估模型用于证明消毒洗涤在鲜切加工过程中防止绿叶蔬菜和其他蔬菜交叉污染，以及降低病原体存在和疾病风险方面的重要性。

• 不仅水质，而且洗涤助剂的使用方法（如机械刷洗、喷涂、浸渍）和卫生处理方法，都有助于减少农产品上的微生物数量。

3 不同部门的用水：渔业产品

3.1 标记何处用水

本节介绍鱼类的储存（包括船上储存、冰冻、洗涤等用水）以及来自渔船和整个加工设施中的鱼类加工。

• 在渔船上，渔获物可以存放在装有冷冻海水的水箱中，也可以存储在用冰冷却的海水中或盛有冰的盒子中。冰可以用海水（例如在船上）或淡水、饮用水（例如在陆地上）制成。

• 在船上或陆地上加工捕捞或养殖鱼类的操作步骤包括：清洗和消毒、分割鱼片、剥皮、修剪和修饰、切碎。

• 《鱼类和渔业产品操作规范》（CXC 52—2003）（CAC，2016）提供了针对鱼类和渔业产品的专门准则，由渔业部门和其他机构的主管部门应用；然而，对于鱼类处理和加工的具体步骤中使用的水的类型和质量，没有统一的定义。

• 在这些准则中，不同处理步骤中使用的水的质量分类各不相同，包括饮用水、清洁海水和可接受的清洁水，视处理步骤而定。

• 在鱼类处理和加工中使用清洁水后，微生物危害的潜在风险取决于消费者对鱼类产品的最终净化处理步骤。

3.2 评估与食品安全相关的决策支持系统

• 欧洲食品安全局（EFSA）报告认为由于缺乏足够的数据来评估与捕鱼和加工过程中使用各种清洁海水有关的公共卫生风险，因此基于危害标准，提出所需的健康保护水平（EFSA，2012）。与清洁海水不同用途有关的相对接触水平被用来判断卫生调查的全面性、水处理要求的强制性和微生物标准的严格性。

- 微生物学标准包括大肠杆菌、肠球菌和弧菌的计数。

3.3 水安全/质量目标

- 渔业产品使用的清洁水的微生物标准没有统一的定义。
- 如“生鲜农产品”部分所述，由不同监管机构（美国和欧盟）和世界卫生组织的饮用水准则对人类食用水（饮用水）的微生物标准进行了不同的定义（例如严格程度）。
- 一些渔业文件规定清洁水应满足与饮用水相同的微生物标准，而食品法典委员会行为准则（CAC，2016）采用了清洁水的定义，因为“清洁水是来自任何来源的水，有害微生物污染、杂质、有毒浮游生物的存在量不会影响鱼类、贝类及其供人类食用产品的安全性”。
- 可以通过应用危害分析和关键控制点原则以及评估健康风险来支持在处理步骤中水质要求的选择。
- 2012 年，欧洲食品安全局报告指出，“关于适用于清洁海水的最低卫生标准以及拟供家庭使用的瓶装海水的公共卫生风险和卫生标准的科学意见”，其中包括鱼类处理和加工中使用海水的化学危害和微生物评估，以及制定清洁海水用途的微生物标准（EFSA，2012）。

3.4 水质对终端产品的影响

- 异养菌平板计数以及大肠杆菌和肠球菌数已用于监测船上和岸上的卫生规范。
- 建议使用大肠杆菌和单核细胞增生李斯特菌计数来监测加工过程中用水的质量。
- 实验表明，在未经加工的海水中洗涤和分割鱼片会加重鱼表面和鱼刺的污染，而卫生洗涤可降低污染水平。

3.5 减少风险的措施

- 食品法典委员会行为准则（CAC，2016）描述了如何将危害分析和关键控制点原则与良好的卫生规范（GHP）结合用于鱼类存储和加工。
- 无论来源如何，都必须以与风险水平相称的足够频率监测供应，以确保水可以安全地用于渔业产品和食品接触表面，并在监测到问题时采取纠正措施。

4 不同部门的用水：企业中的回用水

• 食品行业中，水用于清洗食物或清洁食物接触面，以及应用于许多其他食物可能与水接触的过程中。此外，在许多其他应用中，水与食物之间没有按预期接触，例如在个人用途和消防方面。

• 在任何情况下，用水应是企业保障卫生的前提及危害分析和关键控制点计划的一部分。

• 耗水量、废弃物排放量和成本是企业关注的问题。

• 越来越多地考虑将水消耗量降至最低并开发替代性的水源（例如，从食物或食品加工中回收的水，必要时可通过适当的再处理或修复使其适合某些用途后再利用）。

• 企业应考虑微生物问题，以便对来自饮用水或食品生产企业内其他水源的水进行再利用，食品法典委员会将其描述为“处理食品的任何建筑或区域以及统一管理控制下的周围环境”（CAC，2003b）。

4.1 食品加工业中的水回用

• 食品工业各部门中越来越多的企业［例如乳制品、家禽和生猪屠宰、农产品（生鲜和加工）、海鲜、油、肉、饮料］正在重复使用不同类型的水，用于有意的食品接触应用，以及可能无意与食品接触和食品制造企业中用于技术目的的水。根据食品加工作业和食品类型，回用水可用于各种用途。

• 回用水的类型可以包括从食物及食品经营中回收的水或在闭环系统中再循环的水。必要时，对回用水进行修复处理，使其符合微生物学标准。

• 与饮用水相比，科学文献中关于食品经营中水回用的信息非常有限且分散，而且所描述的过程是实验性的还是常规使用并不清楚。

• 食品法典委员会关于水回用的最新官方文件可追溯到 1996 年，并于 2003 年进行了修订（CAC，2003b）；它指出，特殊情况下在食品加工和处理中允许重复使用水，在这种情况下水的使用不会损害食品的安全性。

• 食品卫生法典委员会讨论了适用的准则（CCFH，1999；2001），尽管并没有整合和正式印发这些准则，但食品卫生法典委员会草案已被世界各地作为示范准则。

• 关于水回用的其他指南包括危害分析和关键控制点原则和基于风险的过程控制程序。危害分析和关键控制点原则可应用于饮用水和回用水。在将危害分析和关键控制点原则应用于回用水的情况下，必须明确定义水的首次使用情况及其质量，以帮助识别适度的危害及其适当的控制点。

• 饮用水分配和储存的所有卫生准则值、处理方案及工艺设计，对于水的再利用也很重要。在生产现场处理和存储水时，还会产生其他因素。

• 回用水必须比接触的食物更清洁，以使食物不会因接触而受到更多污染，并且接触后达到清洁食物的目标水平。

• 水可以是将病原体从单个食品样本传播至大量产品的载体，从而增加了接触人数并对人类健康产生潜在影响。

• 任何风险评估都需要针对回用水的特定来源和质量进行调整。这是因为在不同食品生产中对微生物风险的必要考虑因素可能大不相同，除其他因素外，还需考虑水的来源、特定的生产和回收过程、适用的存储要求、可用的处理方案及其性能特征和目标。

• 风险评估还可能要考虑与水接触后食物的处理，例如烹饪。

4.2 制定水回用指南的差距与挑战

• 水回用的定义可能不明确（例如再利用、回收、再处理、再循环），无论是客户接受度还是食品安全保证方面，都可能构成法规遵守和食品工业对水回用认识的问题。

• 在食品制造企业中建立水回用系统需要资源和专业知识，并在基于有效的良好卫生规范及危害分析和关键控制点的食品安全管理系统（FSMS）中进行适当管理。

• 水回用面临的挑战和知识差距包括与环境影响、经济考量、立法措施、技术处理、处理性能目标、水质评估的类型和可靠性、消费者观念、食品行业实践以及学术行业关系相关的广泛问题。

• 关于微生物危害的一些最关键的数据缺口包括：

> 对特定企业内不同类型的回用水的微生物状况的具体了解有限，包括回用水存储和运输的影响。在各部门的回用水方案中，关于典型水源、用水的初始质量和后续质量的文献很少。此外，现有的指导意见大多没有提供足够的

详细信息。

＞ 需要更好地了解病原减少效率、单一或多重防控处理的效能变化、特定条件下再处理的工艺优化和预期的系统性能目标。当前，对于去除或灭活细菌、寄生虫和病毒的各种处理过程的“平均”效率有许多描述，它们具有广泛的性能功效。此外，特定类型的设备与设施内部不同来源的用水之间可能存在差异，这可能会导致系统性能和性能目标出现很大偏差。

＞ 缺乏信息或实用指导准则来协助各种食品企业，特别是小型企业，在全面运作规模下进行验证，并对回收和必要时重新处理回用水的过程进行日常核查。

＞ 用于验证和批准的适用微生物指标和替代物缺乏或存在不足。例如，在回用场景中监测处理过程效果，并开发合适的监控方法和分析方法测量处理效果。

＞ 缺乏足够的研究、指导和工具来支持建立安全且适用的水回用，例如了解不同部门与水回用相关的重大病原体、适用于水回用案例的定量微生物风险评估和预测模型，以及了解在不利条件下的微生物损伤和存活率情况。

其他知识需求包括：

＞ 除病原体以外微生物的重要性，例如在回用水中出现的腐败微生物会影响食品的稳定性；对公共卫生或职业安全有重大影响的微生物，如军团菌。

＞ 微生物和化学质量问题以及结垢风险，微生物/噬菌体的再循环程度及其再生潜力。

＞ 接触回用水后的食品加工如何影响食品中的潜在病原体（例如在家烹饪或清洗食品时）。

5 风险评估

• 随着基于证据的风险管理评估强度的提升，所需的资源和专业知识也随之增加。风险评估包括以下方法：

＞ 描述性评估（最不全面），例如卫生检查，用于灌溉水风险评估与管理和饮用水质量的快速评估；

＞ 半定量风险评估，例如使用从高到低的风险类别的风险矩阵，要考虑卫生条件以及故障或效能退化事件的发生的频率，以便计划、确定水源优先次序和快速评估饮用水质量；

＞ 定量微生物风险评估（最全面），例如指导饮用水回用、农业废水利用、家庭水处理和社区供水系统。

• 风险评估可用于设定水源目标和处理目标，以实现健康效果（评估疾病负担的接触分析和健康影响分析）、水质指标和提高处理过程效率。

• 风险评估和风险管理方法被认为是持续确保饮用水和用于农业生产的废水再利用安全性的最有效方法，这些方法被用于制定水安全计划（WSP）。

＞ 与食品工业中所采用的危害分析和关键控制点原则一样，重要的水安全计划风险管理原则和概念包括多重防控方法、危害评估、绩效目标及其验证、操作监测和关键控制点。

• 然而，农产品的微生物状况通常并不为人所知，且在农民控制范围之外，具有不确定性和可变性。

6 决策树：会议分组的报告

6.1 收获前与收获后的生鲜农产品

6.1.1 当前指南的主要差距与挑战

在解决安全用水和生鲜农产品方面需要考虑的主要挑战和指南差距如下：

• 种植者和生鲜农产品加工商需要采取适当的措施，并在必要时使用饮用水或纯净水，以最大程度地减少水对农产品的微生物污染。但是，“清洁水”没有明确的定义或在操作上没有定义，有关最佳微生物阈值、灌溉或清洁水质量标准的定义，以及确定水源是否适合其预期目的的监测指标尚未达成共识。

• 对于灌溉用水，一些准则涉及指示微生物浓度的特定阈值。此类准则易于管理，但是它们通常缺乏更全面的风险管理所需的特殊性和代表性。新的水安全风险管理方法建议实施针对具体场所用水的风险管理计划，包括风险评估。这些需要更多的资源，但与简单的阈值相比，它们提供了相等或更好的结果，并且能够减少不确定性。

• 缺乏帮助种植者选择饮用水以外水源的指南，这限制了种植者的知情决策。

• 微生物指标可用于监测，但是微生物与食物和水中病原体存在以及浓度的关系与特定环境有关，不能一概而论。这限制了用于水质的定量微生物目标测度的有效性和代表性及其作为定量微生物风险评估数据源的适用性。

• 缺乏针对具体情况下程序的指导，难以评估与水源有关的风险并选择适当的减轻风险措施以实现“清洁水”。除表明此类水的适合目的外，“清洁水”一词的一般定义不太可能是可行的、有效的。

• 在初级农产品生产中，水源的质量在短期和长期之间可能差别很大，如地表水（例如河流、运河）。这种变化降低了水源监测作为风险管理工具的可用性，需要采取与观察到的变化相称的适合用水目标的风险缓解措施。

• 缺乏指导，特别是在数据资源有限的情况下，无法进行全面的风险评估或水质监测。

• 在收获后实践中，准则和原则建议使用饮用水。然而，当用于收获后处理和洗涤操作时，由于有机物、微生物和化合物的积累，其质量会迅速下降。适当水平的抗菌剂可以最大程度地减少工业用水的污染。

6.1.2 绘制决策树的方法

绘制决策树。考虑到在生鲜农产品生产和加工过程中用水的不同准则，提出了多种决策树方法，共同的有用功能包括：①表征水源和分配系统，以识别与特定水源相关的风险；②基于应用类型（叶面或非叶面）的识别风险；③作物类型（例如绿叶蔬菜与果树）及其预期用途（例如生食与烹熟）会影响农业用水的潜力；④基于普通大肠杆菌或其他合适的微生物指标的定量测试；⑤在某些情况下，根据已识别的潜在风险的大小和概率，确定抽样频率。

决策树的用户。专家们基于一般原则和案例研究（WHO，2006a）开发了决策支持流程示例［例如，可视化决策树（图 1 至图 3）和风险减缓措施列表（表 1)］。这些材料旨在帮助当地监管机构、风险管理者或农业推广人员了解当地生鲜农产品的初级生产和加工及其背景，并能够解释联合国粮农组织/世界卫生组织的准则，以指导生鲜农产品的生产者和加工者实施准则。

生鲜农产品供应链。对于生鲜农产品来说，典型供应链包括无收获后的加工或仅进行最少的收获后加工。因此，"收获后过程相对简单"这一概念影响了专家关注的焦点。理由是，在尚未制定国家准则的国家和地区中，最需要联合国粮农组织/世界卫生组织准则，而在这些地区中，大多数当地生鲜农产品在没有进行收获后加工的情况下销往市场。此外，专家们决定不去关注特定出口市场的要求。因为在这种情况下，初级农产品生产和加工过程中使用的食品安全标准和惯例通常是由进口国确定的。但是，在需要的地方，本节中应用的原则可以很容易地扩展至更复杂的供应链。

基于健康的目标。水和生鲜农产品的接触可能发生在生鲜农产品供应链中的各个环节，且方式和数量也各不相同。这种差异因生鲜农产品类型、水源、初级生产和加工系统等有所不同。专家们认识到，世界卫生组织（2017）为饮用水质量确定了诸如健康结果、水质、特定性能和特定技术指标等目标。基于此模型，可能会建议提高灌溉和处理水的安全性并监测进度。在生鲜农产品的初级生产和加工中，可以针对具体产品在消费时的特定食源性危害制定基于风险的目标。在这种情况下，灌溉和加工用水可能会导致生鲜农产品完全暴露于危害中，尽管它可能不是危害的唯一来源，而且在生鲜农产品供应链中首次使用后，水源危害的存在和数量将会随之有所不同。

专家们讨论了疾病监测在建立水质健康和风险目标方面的重要作用（WHO，2017）。例如，可以根据具体情况和期望的健康结果［疾病负担措施，如伤残调整生命年（DALYs）］来设定水质类别或可接受的污染水平。例如，由于食用生鲜农产品类型或类别差异，胃肠道疾病减少25%。建立以疾病监测为基础的健康目标，需要资源和能力以开展与特定环境相关的全国性胃肠道疾病监测，识别相关病原因子，基于具有代表性和可靠性的数据来源估算生鲜农产品类型对诱发疾病影响的大小。在许多需要指导的区域，可能无法提供此类功能。因此，尽管专家们认识到监测的重要性以及可能会为上述决策过程提供所需信息这一事实，但监测并未明确包含在决策支持工具中。如果该证据基础有效或可以建立，则应使用。发达国家往往倾向于制定基于健康的目标，而发展中国家可能会更频繁地应用特定的技术目标。

如果可以进行定量微生物风险评估，则可以使用它们来定义微生物目标（通常是微生物指标）的定量水平，这是生鲜农产品供应链中的水投入、过程验证和比较所需的。如果有数据，定量微生物风险评估可以基于病原微生物，但是通常唯一可用的数据是微生物指标。然而，如上所述，必须牢记的是微生物指标通常未获得一致认同和普遍接受，并且在测量病原体的存在和浓度方面存在局限性。微生物指标的使用是假定指标和病原体之间有可靠的关系，而这种关系可能无法完全确定。对于无法进行全面的定量微生物风险评估和常规过程验证的情况，设置水质通用数值准则（例如指示细菌的浓度阈值）可能不合适，因为这些目标与特定背景高度相关。因此，专家们决定将重点放在针对具体情况的方法上，以评估与用水相关的过程或步骤的脆弱性，解决食品安全风险，并在必要时使用适当的技术，选择风险降低措施组合。该方法被认为可与水安全计划的制定（WHO，2017）和食品安全管理计划（CAC，2003b）相提并论。

原理。根据特定的供应链背景，推荐经验性风险评估并逐步选择可行的风险降低措施，原理包括以下几点：

- 应考虑从农田到餐桌的整个供应链；
- 应该记住，最终目标是食品安全，而非水质本身；
- 应采用基于危害分析和关键控制点的总体方法，在此情况下侧重于水投入，以识别农产品供应链中的关键控制步骤和预防措施；
- 该过程应在尽可能的情况下利用现有的世界卫生组织/联合国粮农组织及《国际食品法典》准则，实施这些准则以在生鲜农产品的初级生产和加工过程中安全用水；这并不意味着需要提出新的框架、准则及法规。

如果有国家准则或条例，并包括评估脆弱性和风险、选择适当的风险减轻措施和过程监测，则应遵循此类准则。此处所述的程序用于没有准则或准则不完整的情况。并可用于制定针对具体情况的准则。

在有水质监测和定量风险评估能力的情况下，建议遵循现有准则，使用特定的基于风险的微生物水质指标对当地供应链进行定量微生物风险评估，以进行性能控制，以及指导风险减轻措施和过程验证办法的选择，同时还应认识到其局限性（CCFH，1999；WHO，2016）。此处介绍的决策树方法在定义风险评估框架时仍可能很有价值，但在执行时建议采用风险量化方法。

6.1.3 决策树绘制概述

专家建议将生鲜农产品中食品安全的水质决策过程分解为两个广泛的决策层，并制定了两个决策树和一个风险矩阵。

步骤 1：背景和定性风险评估

步骤 2：选择风险降低措施

步骤 1 从生鲜农产品的初级生产开始，并对与初级生产者可用水源相关的食品安全危害的水传播风险进行定性评估。步骤 2 建立在步骤 1 的基础之上，根据生产中可能会接触到生鲜农产品的水源的潜在风险水平选择起点。

这些决策支持工具不能替代现有的国家准则和法规，除非它们不足以定义适用水质。步骤 1 中主要决策点之一是是否有国家或地方准则或法规。如果有，用户应进行参考，而不是继续在决策树中进行操作。

6.1.3.1 步骤 1：背景和定性风险评估

决策过程中的首要任务类似于食品安全管理过程中实施危害分析和关键控制点的第一步和原则 1（CAC，20032b）以及卫生安全规划的初始步骤（WHO，2015）。它们包括以下部分或全部内容：

- 生鲜农产品的描述（例如绿叶、块根或木本作物，以及接触或保留水的程度）及其预期用途（例如生食、烹熟、发酵）；
- 了解产品从生产到消费的流程（例如种植、收获、加工、运输、营销、消费者处理）；
- 确定用水量（例如灌溉、洗涤、加工、冰冻）和投入量（例如水源类型、存储和输送）；
- 确定每个阶段与水有关的潜在危害；
- 分析危害并在生鲜产品流通阶段考虑采取措施，以控制终端产品中与水有关的危害。

决策树步骤 1 如图 1 所示。步骤 1 旨在向用户提出关键问题，以便基于以下条件进行定性评估：①有关灌溉水来源的可用信息；②现有水源的潜在风险水平。这是一种简化的评估，旨在引导用户评估其后续步骤的活动风险，而不应视为风险评估本身。

步骤1中的定性评估过程（图1）包括以下关键点：

食用前对生鲜产品实施微生物杀灭步骤：与通过其他过程导致微生物灭活或清除相比，生鲜农产品通常被生食吗？如果答案是否定的，则与终端产品消费直接相关的风险将显著降低。应当实行良好农业规范（GAP）（见FAO参考清单）和世界卫生组织的"确保食品安全的五个关键"（WHO，2006b）。

灌溉水与生鲜农产品的接触程度：如果施用灌溉水以避免与植物可食部分直接接触，通过合适的灌溉方法（例如滴灌），将极大降低与水质相关的风险。但是，土壤因风、动物或在处理和加工过程中通过中间表面接触而转移到农作物上（如容器、用劣质水洗涤的切菜板与生鲜农产品表面接触）所造成的交叉污染的风险，仍需考虑和管理。在水与生鲜农产品之间没有或有限直接接触的情况下，种植者应采用最佳做法来限制进一步的污染或交叉污染（例如，良好农业规范和世界卫生组织的"确保食品安全的五个关键"）。

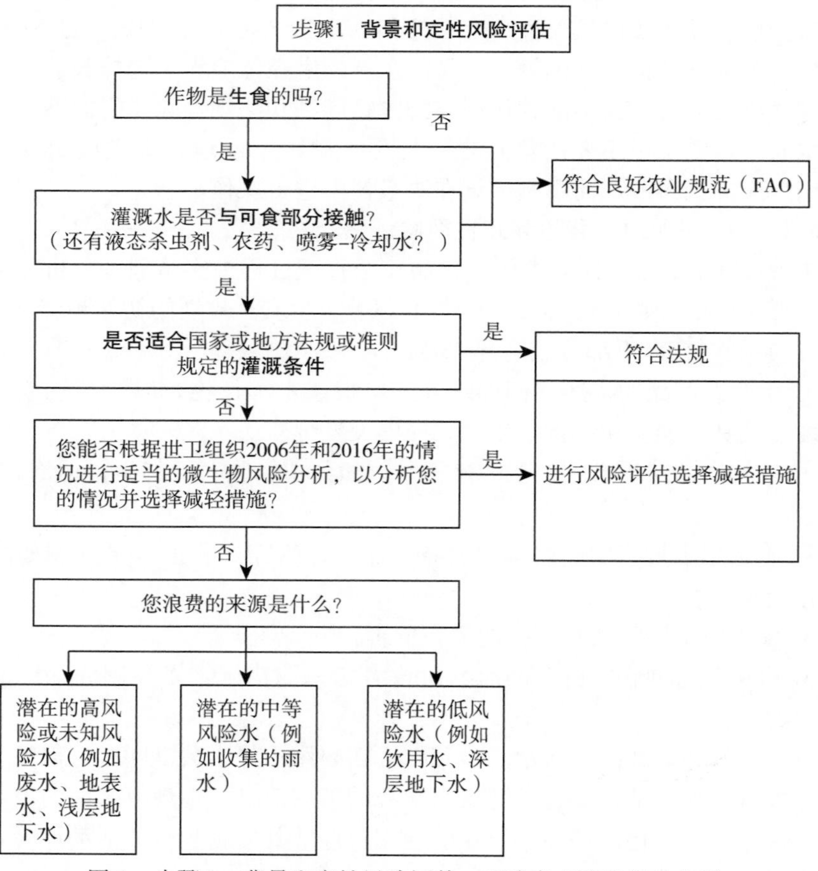

图1 步骤1：背景和定性风险评估，以确定必要的行动水平

生鲜农产品生产水质国家或地方准则或法规的可用性：如果有详细的基于风险的当地准则或法规，并且包括初级生产和食品加工中使用的水质规定，则应指导用户参考此类准则。与一般的国际准则相比，它们可能包含更高级别的详细信息和特定背景信息。本文提供的背景评估和风险减轻决策支持工具旨在用于尚未制定本地准则的情境。这些工具也可用于支持地方或国家准则的制定。

风险定量评估所需数据和资源的可用性：本章描述的工具侧重很少或根本没有定量数据来正式评估风险的情况，例如有关水源的微生物水质参数的数据，潜在暴露人群的相关健康数据。对于有定量信息来评估潜在微生物污染的情况，以及具备了可用于进行微生物风险定量评估或风险概述的专业知识，可以评估特定背景风险，建议进行定量评估。这可以使风险减轻措施更具成本效益，并可以满足特定需求。可以小规模进行此类风险评估，例如特定的加工厂，亦可大规模制定，例如农产品在整个国家的生产和消费。

决策过程的第一步包括几个假设，诸如：

- 初级生产者在可用水源及其质量方面的选择有限；
- 已知的生鲜农产品生产以及消费食品和消费习惯；
- 缺乏生鲜农产品整个生产链中微生物危害数据。

如背景评估过程的结果所示，用户可能会被引导到不同的水资源，这可能是因为认为潜在风险较低（如果前两个问题的答案为“否”），或者是因为准则或数据可用于支撑更进一步的风险定量评估（如果最后两个问题的答案为“是”）。这些选项导致评估过程停止并使用其他工具，例如良好农业规范和世界卫生组织的“确保食品安全的五个关键”。如果所考虑的过程符合背景评估工具的目的（产品并不总是在微生物灭活后食用，可能直接与水产生接触，不存在国家或地方准则，并且无法进行风险定量评估），评估过程本身可能产生一定程度的风险，因此需要进一步的决策。然后，根据可用水源和现有信息将初级生产过程分为三个定性的潜在风险类别（图 1）：

①潜在高风险水：有关水质的数据很少，因此应为假定最坏的情况，如河水或运河水。

②潜在中风险水：尽管缺乏数据，但根据卫生调查和在其他可比地区观察到的水质范围，有证据表明可用水源可能构成中等风险，如收集雨水。

③潜在低风险水：根据现有的卫生调查和在其他地区类似水源中观察到的水质，一些可获得的数据表明可用水源中的微生物污染程度很低或没有微生物污染，有可能将水源视为低风险，如深层地下水。

背景评估决策树中步骤 1 三个类别是后续风险减轻措施决策树步骤 2 的基点，在下一节中进行概述。如果可能的话，特别是若决策树结果由于缺乏数据而属于“高风险”或“中等风险”类别，则可以实施卫生调查或数据收集步骤来完善评估，从而可能会产生较低风险的结果。例如，如果可用水源是质量未知的河流，则在没有可用数据的情况下，最坏的情况是假定该河流受到废水等的严重影响，因此质量很低。但是，随着时间和地域的变化，在河水中已经观察到各种各样的水质，数据收集或定性卫生调查将提供更多针对具体情况的可靠证据，将水分类为高风险或低风险。

6.1.3.2 灌溉水风险矩阵

图 2 显示了使用简单矩阵评估灌溉水风险的另一种方法。该矩阵基于包括水源、灌溉水是否与作物可食用部分接触以及产品在食用前是否会进行微生物杀灭或有效去除步骤的风险因素。

农产品预期用途	接触可食植物部分	水源				
		废水	质量不明的地表水和地下水	从保护井收集的地下水	收集的雨水	饮用水、深层地下水
即食	接触可食用部分	高风险/未知	高风险/未知	中风险	中风险	低风险
	不接触可食用部分	高风险/未知	高风险/未知	低风险	低风险	低风险
烹熟	接触可食用部分	低风险	低风险	低风险	低风险	低风险
	不接触可食用部分	低风险	低风险	低风险	低风险	低风险

图 2　生鲜农产品收获前灌溉用水的微生物风险评估矩阵

6.1.3.3 步骤 2：选择风险降低措施

步骤 2 的方法和原理是步骤 1 的延续（图 3）。同样，虽然它仅针对生鲜农产品链和技术，但基本原理可以应用于更复杂的情况。该方法是定性的，但如果可以采用更定量的方法，则建议采用该种方法对水质进行定量评估，以达到食用该生鲜农产品所需的健康保护水平。步骤 1 中列出的注意事项也适用于此处。

决策树预计可以为推广人员使用，他们需要评估生鲜农产品因引入水而产生的食品安全风险，并在考虑定性因素的基础上制定风险降低策略，以达到降低风险水平的目的。这些人员可能无法随时访问实验室或获得风险评估专业知识。该方法是基于世界卫生组织准则建立的（Mara et al.，2010）。

为满足这些要求，决策树包括以下附加指南：

①定性评估了推荐的改善水质的控制措施的有效性，该定性方法可以单独使用或组合使用以逐渐提高总有效性。这些控制措施与表 1 中列出的措施相互参照。

②有效性等级是根据具体情况而定的，并且基于当前世界卫生组织准则的建议补充内容（Mara et al.，2010）。

③决策点表明了支持改善水质行动所依据的降低风险准则的关键资源材料。国际上公认的与风险降低战略、措施及其实施有关的关键信息清单与所提供的参考清单相互参照。根据这项工作的要求，提供了联合国粮农组织、世界卫生组织和《国际食品法典》参考。提供了其他参考作为示例，这些参考不是排他性的，其他可靠的参考资源也可能是有用的。

表1　侧重小规模生产环境选择的农产品质量控制措施的有效性

风险降低措施	有效性等级	步骤2相互参照
替代水源，例如深井水或饮用水	• • • • •	RR1
从生食蔬菜转变为水煮蔬菜	• • • • •	RR2
从高架灌溉系统（喷头、喷壶）改为沟灌	•	
滴灌	• • •	RR3
从沉淀期超过18小时的农田水处理池取水不影响池塘沉积物	•	RR4
灌溉前过滤水（例如用细沙、生物炭）	•	RR4
停止灌溉3天（收获前不浇水） 注意：在炎热气候下，长时间停止灌溉是不可行的	• •	RR5
剥去生鲜农产品的外皮（如块根作物、水果、甘蓝）	• •	RR5
用自来水清洗沙拉	•	RR6
用自来水清洗沙拉，并添加消毒剂	• •	RR6
降低风险的目标（RR）	• • • • • •	

注：假设目标为6星，假定减少量是可累加的。
过滤水＋滴灌＋用消毒剂进行洗涤＝•＋• • •＋• •＝• • • • • •

文本框包括风险降低措施，风险降低措施有效性定性评估的参考（如表1中的RR1～RR6）以及有关准则的相关参考。

决策树起点。起点是从步骤1中确定的3个灌溉水质量风险组之一：高风险水平、中风险水平和低风险水平。

第一级问题允许做出以下决定：如果没有进一步的水或粪便接触，则直接使用低风险水；通过安全收集与储存来维持中等风险水的质量；或通过寻求低风险替代水源来提高高风险或未知水质的质量。

最坏情况。该地区水资源具有高风险或未知风险，没有质量已经确定或者质量改善的水。用户可以考虑不同的风险降低方法，根据特定情况单独或组合使用。风险降低方法（表1）包括如下几种：

• 如果可食部分暴露在灌溉水中，则应考虑选择能够降低生鲜农产品污染风险（例如滴灌而不是喷雾、漫灌）的灌溉方法；

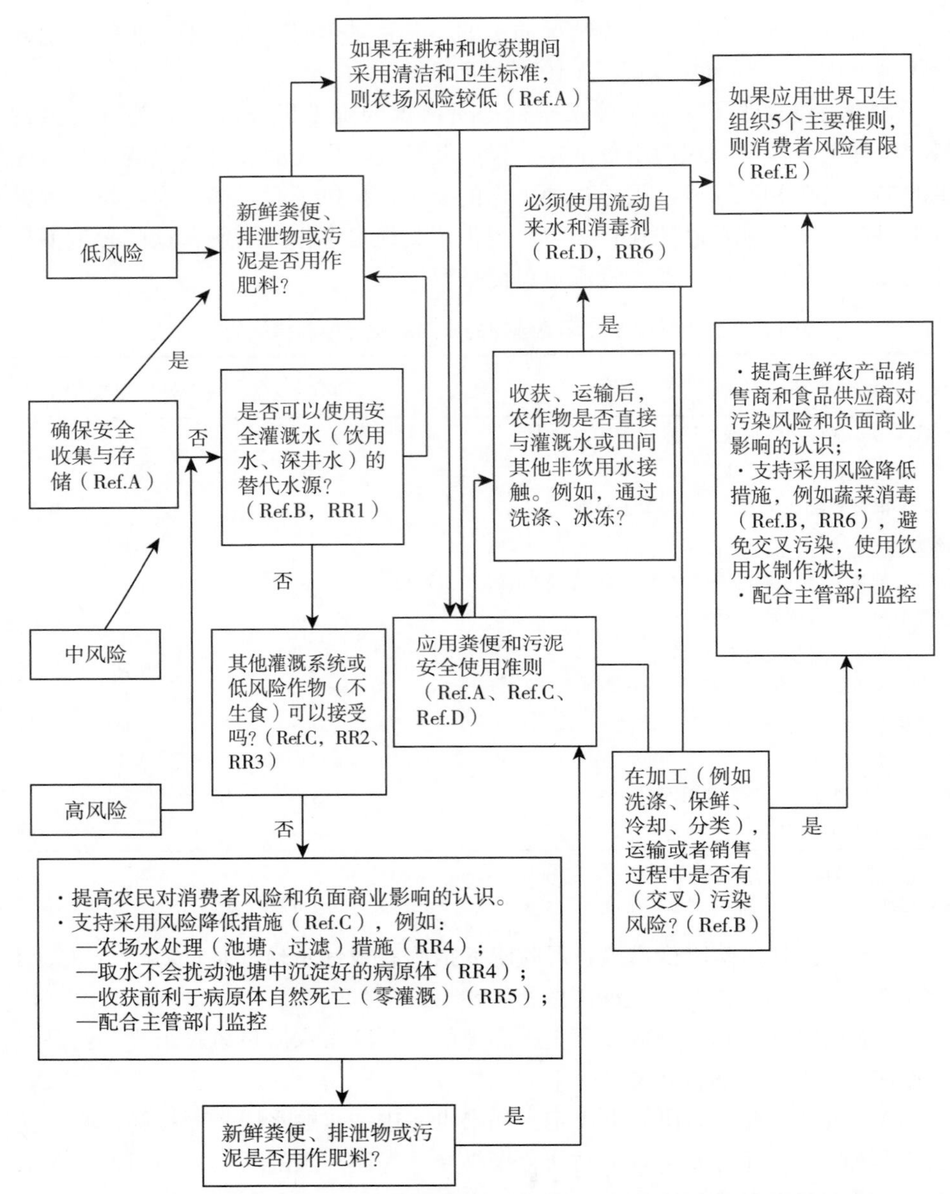

图 3　步骤 2：基于步骤 1 的初步评估，选择农产品风险降低措施的决策树

• 如果生鲜农产品通常是生食的，则考虑在食用前（例如烹饪，控制发酵），更换为食用前能使微生物灭活或能够通过处理有效去除微生物的农作物；

• 根据情况采取水处理或现场控制措施；

• 就风险及其后果向农民和消费者提供建议和教育，并支持采取风险降低措施。

粪便、排泄物、污泥。对生鲜农产品生产来说，其他投入可能会影响田间病原体污染，这些也可能与用水有关。粪便、人类排泄物或污泥和废水都可以用作农作物肥料。如果管理不当，这些材料将成为食品安全隐患的来源，直接或间接污染土壤、水以及潜在的农产品。这些材料的安全使用准则可从世界卫生组织（WHO，2006a）或良好农业规范准则以及各主管部门及其他机构获得。每个类别的水资源路径中都包含一个决策步骤，解决在使用粪便和其他排泄废弃物时需要进行控制的问题。

收获和收获后处理。在生鲜农产品供应链中，生鲜农产品可能会受到这些路径（包括灌溉和加工用水）中多种来源的食品安全危害。收获时，生鲜农产品进入市场过程中可能会进一步接触田间用水或者在收获后加工过程中接触加工用水。决策树广泛地遵循了每一个路径，如果产品可能因接触于水而进一步受到食品安全危害的污染，则需要做出决策。在这些方面，提供了关于风险准则（包括与水有关的风险）的参考来源，风险减少措施选择以及用水和水处理的可能效果等级（表 1）。

在收获和收获后处理过程中，农作物和设备可能会在分割、冷却、洗涤产品或其他活动时接触水，在农产品通常生食的这种情况下，与农作物可食用部分接触的首选是饮用水。对于低农场级风险的情况，需要在供应链中进一步控制食品安全危害。

如果风险可能发生在运输、市场或食品制备中。《国际食品法典》、世界卫生组织、联合国粮农组织，主管部门和行业协会为这些步骤提供了食品安全风险管理准则，并在参考部分列出。

在作物最少加工过程中，还可能通过不同的加工过程（如洗涤、冷却或运输）接触水。不仅会导致生鲜农产品污染，而且还会导致水的交叉污染。在加工和处理过程中，水或冰会污染生鲜农产品的表面和可食用部分，或者如果使用不当，水会促进病原体渗入农产品（例如在冷却过程中）。与生食的产品接触时，建议使用饮用水或消过毒的同等质量水，以尽量减少污染风险，可参照农产品加工准则（联合国粮农组织、世界卫生组织、《国际食品法典》）。

可以定性评价现有风险减少措施的有效性（表 1）。如果无法使用饮用水或进行水处理，则建议采取其他指南（例如生鲜农产品消毒）以及卖方和消费者教育。

与产品加工和其他非食品接触活动中水回用有关的信息，请参阅有关此方面的小组报告。

6.1.4 讨论

生鲜农产品种类极其繁多。这种广泛的多样性可以包括以下因素，并且在世界范围内这些因素以不同组合出现：生鲜农产品类型，生长特征，结构和地形，初级生产与加工系统及数量，食品安全危害，生鲜农产品供应链中接触水的途径范围，农场水质的地理和气候变化，以及在食用前是否对生鲜农产品进行微生物杀灭或物理去除步骤。在全球范围内，评估与用水有关的风险和采取风险降低措施的能力差异很大，例如，在不同的地理、社会和经济环境下以及不同贸易选择下（例如出口与国内供应）。风险评估能力的变化受水平或缺乏可用证据的影响，例如健康、水和食品质量数据及其关系的定量估计，及在供应链中产生的水源性危害的来源、转移、特性和持久性的科学证据，这对于微生物风险定量评估应用是必要的。某个地区可能不会收集此类信息，也可能无法使用实验室设施，或者尚无法获得科学数据。

通过供应链上许多直接和间接途径，水和冰可能会成为生鲜农产品的危害源，微生物危害的数量可能是动态的，直至消费终端为止。基于危害分析和关键控制点的原则可用于食品和饮用水供应的危害控制。对于生鲜食品安全管理（与水安全管理本身相反），水是生鲜食品链流程图中的投入品，可能会导致生鲜农产品终端健康风险。疾病负担估计的水源可能与终端生鲜农产品不同。

在设计简单的决策树时，专家发现，要考虑所有潜在变量以及利用食品和水安全管理的基本方法是一项挑战。决策树是基于高水平风险决策构建的，同时保持了简单性。但是，这样做可能会使决策树缺乏适用所有潜在情景的足够有意义的决策选项。对于生鲜农产品部门来说，一种决策树可能不适合全球所有生产或加工环境。这可能就需要进行个案分析。为了帮助用户使用这些决策支持工具，在较高级别的决策点向他们提供资源材料，以便做出与特定环境相关的更具体的选择。以此方式预期可以解决多种情景的问题。在现实环境中需要评估和修订推荐的决策树。

在农场，采取基于风险的定性方法来决定风险水平和水源选择，以最大程度地降低危害食品安全的危害引入风险。通过观察和经验所预期的水源中选择污染程度最低的水，使用风险降低措施来改善水质，或在没有其他较低风险的替代水源的情况下减少农作物与水的接触。使用不同方法的措施可能会进一步降低风险级别，例如对零售商和食品制备人员的教育和警告。当产品生食以及水是否与产品的可食用部分接触时，建议从收获之时起，在决策树步骤 2 中使用世界卫生组织（2017）定义的饮用水（无健康问题风险）和消毒剂。

尽管已注意到可以使用微生物风险定量评估进行检查，但尚未明确考虑基于微生物指标的生物浓度定义水质。上文提到的多样性、主管部门间缺乏共识、用于水质评估的微生物参数选择存在争议，以及对产品供应链中微生物危害的行为和持久性的科学认识不足，可能会使目前这种方法复杂化并且应用受到限制。

本节未讨论水回用，请参考本文其他章节中的水回用部分。

6.1.5 结论与建议

生鲜农产品的多样性，再加上其他因素（例如生产和加工系统、生产量、社会和经济发展水平），意味着使用一种决策树来满足全球所有可能的情况的可行性很有限，需要根据具体情况进行调整或应用。不同组织已经考虑采用该方法，此方法在不同种类生鲜农产品生产和收获时，使用适合具体产品的食品安全准则，包括绿色蔬菜、番茄和瓜类。为满足这一需要，制定了一种基于高水平风险的方法。

许多方面的知识还存在空白，如通过水媒介引入的微生物危害的行为（例如生存和持久性）、水与供应链不同环节中各种生鲜农产品的相互作用以及这些环节中风险降低措施的有效性，需要开展研究，以改善水质和保护生鲜农产品的质量。需要进一步的数据来定量评估全球许多环境中的风险。

需要确定与安全有关的新的、可靠的和公认的水质指标，包括不仅要考虑细菌而且还要考虑病毒和原生动物的田间和在线使用的实用方法。

现有准则中的一个主要差距与风险减轻措施的实施有关，这就要求通过风险意识改变行为。原则上，提供水处理基础设施似乎很简单。但是，在“废水灌溉”的背景下，农民、贸易商和消费者的行为改变仍然是一个巨大的研究领域，尽管行为改变的概念已经得到了广泛的发展，并且在反对公开排便和促进洗手的运动中得到了越来越广泛的应用。就废水和食品安全而言，风险意识通常很低。需要分析支持行为改变的框架（Karg and Drechsel，2011）：

• 更安全的做法是否会通过提高产量或降低生产成本（推动因素）获得直接回报；

• 更安全的做法是否会通过提高消费者和贸易商的支付意愿获得最终回报（拉动因素）；

• 是否存在其他可以改变行为的诱因和（积极或消极）激励措施，包括社会营销方法。

由于此类分析针对具体地点，因此我们建议对决策树应用进行案例研究，并确定如何支持除建立风险意识外的可行的行为转变方案。

6.1.6 生鲜农产品决策树参考文献

专门支持决策树的参考文献如下。

联合国粮农组织良好农业规范

FAO. 2010. Good Agricultural Practices（GAP）on horticultural production for exten-sion staff in Tanzania.（available at http：//www. fao. org/docrep/013/i1645e/i1645e00. pdf）. Accessed 27 June 2018.

FAO. 2007. Guidelines：Good Agricultural Practices for family agriculture.（available at http：//www. fao. org/3/a-a1193e. pdf）. Accessed 27 June 2018.

FAO. 1996. Environmental impact of animal manure management. 2. Manure management and effects of manure on the environment.（available at http：//www. fao. org/WAIRDOCS/LEAD/X6113E/x6113e05. htm）. Accessed 27 June 2018.

FAO.（no date）. A scheme and training manual on Good Agricultural Practices（GAP）for fruits and vegetables. Volume 2 training manual.（available at http：//www. fao. org/3/a-i5739e. pdf）. Accessed 27 June 2018.

世界卫生组织

WHO. 2010. Using human waste safely for livelihoods，food production and health. Second information kit：The guidelines for the safe use of wastewater，excreta and greywater in agriculture and aquaculture.（available at http：//www. who. int/water _ sanitation _ health/publications/human _ waste/en/）. Accessed 27 June 2018.

WHO. 2009. Water safety plan manual：step-by-step risk management for drinking water suppliers.（available at http：//www. who. int/water _ sanitation _ health/publications/publication _ 9789241562638/en/）

WHO. 2006a. WHO guidelines for safe use of wastewater and excreta. Accessed 9 June 2018.（available at http：//www. who. int/water _ sanitation _ health/sanitation-waste/wastewater/wastewater-guidelines/en/）. Accessed 30 June 2018.

WHO. 2006b. Five keys to safer food manual.（available at http：//www. who. int/foodsafety/publications/5keysmanual/en/）. Accessed 27 June 2018.

WHO. 2006c. A guide to healthy food markets.（available at http：//www. who. int/foodsafety/capacity/healthy _ marketplaces/en/）. Accessed 25 September 2018.

WHO. 2010. Guidelines for the safe use of wastewater，excreta and greywater in agriculture and aquaculture，third edition. Guidance note for national programme managers and engineers：Applying the guidelines along the sanitation ladder.（available at http：//www. who. int/water _ sanitation _ health/wastewater/FLASH _ OMS _ WSHH _ Guidance _ note1 _ 20100729 _ 17092010. pdf）. Accessed 9 July 2018.

Karg H. and P. Drechsel. 2011. Motivating behaviour change to reduce pathogenic risk where unsafe water is used for irrigation. Water Internat. 36：476 - 490.

图 3 的资料来源

Reference A. LGMA（Leafy Green Products Handler Marketing Agreement）. 2017. Commodity-specific food safety guidelines for the production and harvest of leafy greens.（available at http：//www. lgma. ca. gov/wp-content/uploads/2018/03/2017. 08. 10-CA-LGMA-Metrics _ Numbered. pdf）. Accessed 29 June 2018.

Reference B. CAC. 2003. CXC 53. Code of hygienic practice for fresh fruits and vegetables.

Reference C. US FDA. 1998. Guidance for industry：guide to minimize microbial food safety hazards for fresh fruits and vegetables.（available at https：//www. fda. gov/Food/Guidance Regulation/GuidanceDocumentsRegulatoryInformation/ucm064574. htm ）. Accessed 29 June 2018.

EC（European Commission）. 2017. European Commission Notice No. 2017/C 163/01 Guidance document on addressing microbiological risks in fresh fruit and vegetables at primary production through good hygiene.（available at https：//eur-lex. europa. eu/legal-content/EN/TXT/HTML/? uri=CELEX：52017XC0523（03）&from=LV）. Accessed 27 July 2018.

Amoah, P., Keraita, B., Akple, M., Drechsel, P., Abaidoo P. C. & Konradsen, F. 2011. Low-cost options for reducing consumer health risks from farm to fork where crops are irrigated with polluted water in West Africa. IWMI Research Report Series 141, Colombo.（available at http：//www. iwmi. cgiar. org/Publications/IWMI _ Research _ Reports/PDF/PUB141/RR141. pdf）. Accessed 27 July 2018.

Mara, D., Hamilton, A., Sleigh, A. & Karavarsamis, N. 2010. Discussion Paper：Options for updating the 2006 WHO guidelines. Second information kit：The guidelines for the safe use of wastewater, excreta and greywater in agriculture and aquaculture. WHO-FAO-IDRC-IWMI, Geneva.（available at http：//www. who. int/water _ sani-tation _ health/sanitation-waste/wastewater/guidance _ note _ 20100917. pdf? ua = 1）. Accessed 9 July 2018.

Reference D. US FDA. 2008. Guidance for industry：Guide to minimize microbial food safety hazards for fresh fruits and vegetables.（available at https：//www. fda. gov/Food/Guidance Regulation/GuidanceDocumentsRegulatoryInformation/ucm064458. htm）. Accessed 27 July 2018.

WHO. Using human waste safely for livelihoods, food production and health. Second information kit：The guidelines for the safe use of wastewater, excreta and greywater in agriculture and aquaculture WHO-FAO-IDRC-IWMI, Geneva.（available at http：//www. who. int/water _ sanitation _ health/publications/human _ waste/en/）.

Reference E. WHO. 2006c. A guide to healthy food markets.（available at http：//www. who. int/foodsafety/capacity/healthy _ marketplaces/en/）Accessed 27 July 2018.

6.2 渔业产品

6.2.1 构建决策树的方法

食品法典委员会为鱼类养殖和鱼类加工提供了许多最佳卫生规范（CXC 52—2003)。当前的食品法典委员会准则主要针对烹熟的鱼。专家们回顾了烹熟和未烹煮的鱼类和甲壳类动物的文献（双壳软体动物除外）。先前讨论后发现，已经有针对烹熟鱼产品的危害分析和关键控制点准则。专家的目标是，仍然要确定危害分析和关键控制点和风险评估中生鱼或未烹熟鱼的风险管理计划。

生食的鱼类和甲壳类动物的种类在增加。评估了从“收获到市场”在渔业生产链中各个环节用水的质量对生食或未烹熟鱼的影响，以及在这些环节是否有足够（可获取）的控制准则。生食或未烹熟的鱼的风险管理准则应该是不同的。

为评估生食或烹熟鱼用水质量的关键控制点，制定了具有二元（是/否）结构的决策树。使用了两种方案，一种用于捕获野生海洋鱼类，另一种用于池塘鱼。这项工作的目的是识别与鱼类和渔业最相关的病原体，尤其是典型鱼源性病原体。多障碍方法已成为构建决策树的基础，其目的是：

- 确定所有可能通过使用劣质水（意味着质量比上一步要低）来增加病原体负荷的地方；
- 确定生食鱼类和甲壳类动物生产用水中食品安全的关键控制点。

专家意见和已发表文献都作为概述的决策支持框架的基础。最终，本决策支持系统旨在鉴别生鱼产品生产链水质的关键控制点，提供更完善的准则或参考现有准则以获得具备饮用水质量或风险评估规划要求质量的用水。本文所述的结构可以按照原来的结构制定（即二进制决策树），也可以用来制定定量风险评估工具，以用于更高的资源环境或监测。专家们将资源匮乏的环境和小农户作为这项特定工作的切入点，需要牢记。

6.2.2 鱼源性病原和流行病学数据

回顾了相关文献。一些病原体引起了极大的关注，最显著的是海洋或河口环境中的副溶血性弧菌（FAO，2011）。其他病原体主要与淡水养殖有关，例如被视为一般病原类的肠道病原菌。表 2 中评估了与鱼类或鱼类加工（鱼类相关）用水微生物风险相关的病原。

表 2 与水质相关被认为与鱼类有关的病原

鱼类相关病原	与水质的相关性
寄生虫（线虫），此处未具体说明	与生食产品有关；缓解措施是产品的冷冻；温度控制是重要的关键控制点；应就通过冷冻防控鱼类寄生虫的问题咨询具体准则
副溶血性弧菌	非常相关；有暴发情况的数据；提供联合国粮农组织/世界卫生组织风险评估研究（FAO，2011）
李斯特菌	与鱼类生食有关（冷熏鱼、寿司、酸橘汁腌鱼等），现有的操作规范、卫生规范和食典标准不足以应对这种危害
霍乱弧菌	有暴发情况的数据，例如 20 世纪 90 年代南美的酸橘汁腌鱼。通常涉及双壳类动物、甲壳类动物（如虾）和鱼类。风险水平与收获后处理有关，而不是直接与受污染环境的水有关（即广泛存在）。收获后的重要危险因素是：生鱼中存在的病原体；准备过程中的卫生条件或缺乏卫生条件；不合理存储，尤其是时间和温度条件不合理
气单胞菌	河口和鱼类加工环境中存在的病原体。根据世界卫生组织饮用水水质准则简报（2017），鱼类生产和加工系统中的气单胞菌属对人类健康的影响似乎不大，因为与鱼类相关的气单胞菌与引发人类感染的毒性嗜水气单胞菌及其他品种是不同的物种和菌株
类志贺邻单胞菌	尽管也存在于河口水以及鱼类和贝类中，类志贺邻单胞菌主要存在于淡水水生生物中。在温暖月份，隔离率以及人类疾病发生率更高；疾病有时与鱼类和贝类有关（Janda et al.，2016；Miller and Koburger，1985）。鱼和贝类的烹饪是风险关键控制点。由于缺乏疾病暴发的报告，尽管风险被认为较低，但生鱼或未烹熟鱼和贝类的感染风险尚不确定

6.2.3 两种情景——生食或未烹熟鱼类和甲壳类动物

评估病原体数据后，结论是，必须考虑淡水鱼以及海洋和河口水鱼中病原的差异，以及产业环境与市场链较简单的收获后处理间的差异。在制定的最终决策支持框架中，要同时考虑较短市场链和产业场景。在这两种情景下，都假定终端产品将生食或以未烹熟状态食用。

情景 1：淡水（罗非鱼、鲶鱼、虾）**水产养殖，生产到市场供给链较短**（用于生食）

此情景涉及养殖罗非鱼或虾的池塘。假定池塘已被粪便污染，因此从池塘底部（沉积物）取食的鱼或虾的肠道和身体黏液显示其受到污染。确定的主要问题是鱼是否被生食，以及市场、餐厅或家中是否采取了基本卫生措施。缺乏足够优质的或可饮用的水可能是造成操作习惯不卫生的一个因素，以及缺乏卫生意识或没有采取必要的卫生措施。这些用于食品制备的卫生措施已纳入《鱼类和渔业产品法典操作规范》（CAC，2003）。令人担忧的是，某些用户可能无法充分访问现有的《鱼类和渔业产品法典操作规范》文件。此外，现行的

《鱼类和渔业产品法典操作规范》缺乏有关水质管理的具体指导。关于水和卫生，决策树应参考现有的水质管理准则，包括适合资源有限的市场环境的管理实践，例如雨水收集方案或净水（家庭）处理准则（世界卫生组织饮用水水质准则，2017）。

情景 2：中大型作业场所用于制作刺身的马鲭鱼

此情景涉及的马鲭鱼是一种海洋捕获鱼。假定在船上或着陆点用污染的海水将鱼去内脏并清洗，鱼肉将会受到污染。确定的主要问题是鱼是否被生食，以及在船上、着陆点、市、餐厅或家中是否采取了基本卫生程序。缺乏足够优质的或可饮用的水可能是造成操作习惯不卫生的一个因素，以及缺乏卫生意识或没有采取必要的卫生措施。没有拟用于生食鱼的食典标准，《鱼类和渔业产品法典操作规范》（CAC，2003）中也没有卫生措施的指南。此外，如情景 1 的规定，当前的《鱼类和渔业产品法典操作规范》缺乏水质管理的具体指导。

6.2.4 构建的决策树和生产流程图概览

生成具有问题答案的决策树（如果可以识别和量化），有利于评估鱼类收获时预期的病原体负荷。在图 4 中，此负荷表示为标有“[病原体]”多层次水平的框，该框是每个决策树的最终节点。这些框代表不同的病原体浓度。决策树可以集成其他数据，例如季节性影响（如温度、降雨）。根据浓度类别的大小，这些数据可用于后台的风险大小计算。或者，如果无法按预期计算风险，则决策树可以用作提高认识的工具，为水产养殖的农民和渔民提供指导，针对发现的危害和污染源采取预防措施。

（a）决策树初始问题是鱼是生食还是未烹熟。如果答案为“否”（N），则假定将鱼烹熟食用，没有进一步的微生物危害，并且所生长的水是适用的 [决策过程结束]。如果答案为“是”（Y）或“不确定”（?），决策树将产生以下问题（b）。

（b）问题是淡水是否用于鱼类养殖。如果答案为“否”（N），则为海水鱼，决策树参见图 6。如果答案为“是”（Y）或“不确定”（?），则可能存在粪便污染的风险，决策树会产生以下问题（c）。如果是海水鱼，则参见图 6；如果是淡水鱼，问题参见池塘环境部分。

（c）问题是鱼类是否在没有循环水的封闭系统中生产；两个答案，“是”（Y）或“否”（N），引出不同的问题（d）和（e）。（d）到（f）的问题评估鱼产品加工前接触（活鱼和收获后鱼产品）的池塘水安全性和质量相关风险事件的严重程度。

（d）如果鱼没有放在封闭的水中，要了解池塘水是否以其他任何方式被人或动物粪便污染，这非常重要。使用未经处理的人或动物粪便作为肥料，或直接将人或动物粪便排入水中通常会导致危害，需要具体考虑，必须作为关键

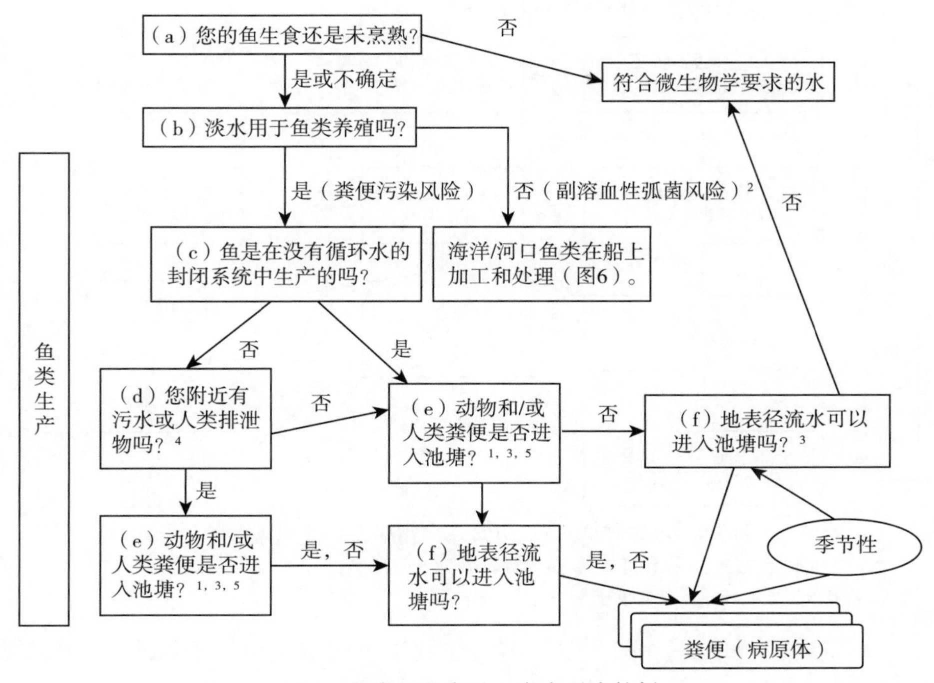

图 4　鱼类和鱼产品生产水平决策树

1 水产品《鱼类和渔业产品法典操作规范》，第 6 节，第 54－64 页。

2 海产品中副溶血性弧菌的风险评估，世界卫生组织/联合国粮农组织微生物风险评估系列 16，第 154－176 页。

3 世界卫生组织《水安全计划》。世界卫生组织/欧盟，2014。

4 世界卫生组织《卫生安全计划手册》。

5 世界卫生组织《安全使用废水、排泄物和灰水》，卷 3. 水产养殖。

控制点加以预防和控制。

（e）如果将鱼养在封闭的水中（没有进行水循环），原则上它将呈现初始病原体数量消亡的状态，从而减少水中病原体负荷的影响，限制新病原体进入池塘和池塘养殖的鱼。封闭的或开放的水域无论是否可能通过附近的卫生设施受到人类排泄物的间接影响，都应被视为必须加以管理或预防的微生物危害源。这里可以参考《农业和水产养殖中安全使用废水和排泄物准则》（WHO，2006）或《卫生安全计划手册》（WHO，2015）。

（f）最后一个问题是池塘（封闭的或不封闭的）是否可能受到含粪便土地雨水径流的进一步污染。可参考世界卫生组织《卫生安全计划手册》（2015）或旨在保护水源的其他水安全规划准则。应该注意的是，如果鱼在加工前未食用，那么此时就没有直接的食品安全风险。为了进一步评估风险，淡水鱼加工和处理决策树将提供进一步指导（图 5）。

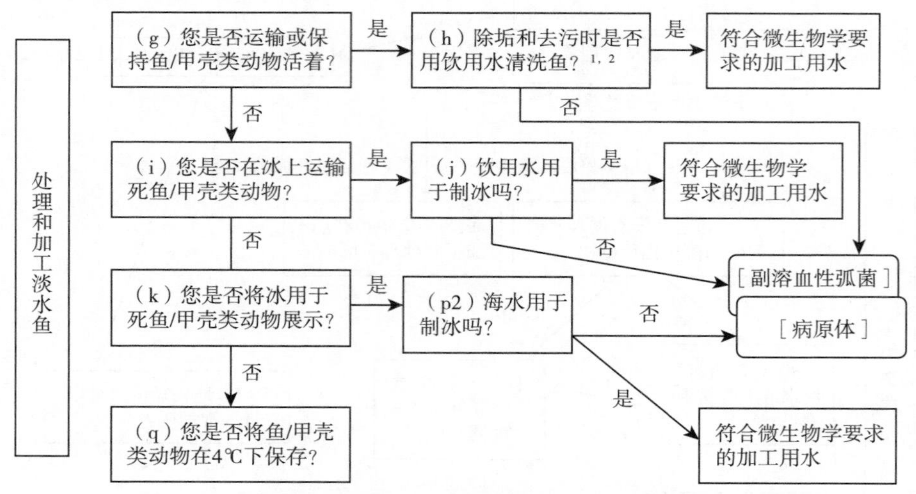

图 5　可生食淡水鱼/甲壳类动物加工和处理决策树

1《鱼类和渔业产品法典操作规范》，第 6 节，第 54－64 页。

2 世界卫生组织《饮用水水质准则》。

淡水鱼加工和处理　图 5 中所示的连续决策树解决可生食淡水鱼/甲壳类动物的加工问题。

（g）或（h）初级问题是鱼是否可以活着运输。如果答案为“是”（Y），并且鱼从运输过程一直到市场上加工保持存活，则下一个问题（h）将是，在除垢和去内脏清洗鱼时是否使用饮用水。与鱼接触的地方（例如刀、切菜板），基本卫生措施也需要饮用水。在市场等资源有限的环境中，决策树提供了参考，指导如何获得具备饮用水质量的水（世界卫生组织《饮用水水质准则》，2017；世界卫生组织，2011；世界卫生组织/欧盟，2014；另请参见世界卫生组织的《水安全计划》指导材料 http：//www. who. int/water _ sanitation _ health/publications/wsp-roadmap. pdf？ ua＝1）。如果最后一个问题（h）的回答为“否”（N），并且鱼打算生食，则终端产品可能含有大量病原体。如果答案为“是”（Y），则认为加工用水符合微生物学要求。如果对初始问题（g）的回答为“否”（N），则表明该鱼不是活鱼，决策树会引出以下问题（i）。

（i）和（j）下一个问题与死鱼是否冷藏运输有关。与鱼类保鲜和微生物病原体死亡有关的重要措施之一是将鱼低温存储（低于 4℃）。如果答案为“是”（Y），则决策树会引发下一个问题（j），即是否将饮用水用于制冰。如果答案为“是”（Y），则认为加工用水符合微生物学要求；如果答案为“否”（N），并且鱼打算生食，则终端产品可能含有大量病原体。如果初始问题（i）的回答为“否”（N），并且鱼在进入市场之前没有放置冰上，则决策树会引出以下问题（k）。

使用达不到饮用水质量的水制冰可能会导致存在一系列潜在病原体的风险，这些病原体因与水的来源及其对粪便和其他污染物的脆弱性而有所不同。这种微生物污染增加了鱼类食用的风险。即使用达到饮用水质量的水将鱼冲洗过，如果将鱼放在经过微生物污染的冰上进行展示，鱼也可能被再次污染。

（k）或（l）下一个问题（k）与鱼在市场上展示时是否保存在冰上或是否在4℃以下存储（l）有关，在这种情况下，决策树会回到问题（h）。

海洋/河口鱼船上加工和处理　预计海洋和河口鱼类还会与其他水体接触，这可能会导致加工前鱼类病原体负荷的数量级增加。在此情况下，决策树（图6）仅将副溶血性弧菌作为鱼源性病原体（见案例情景）。

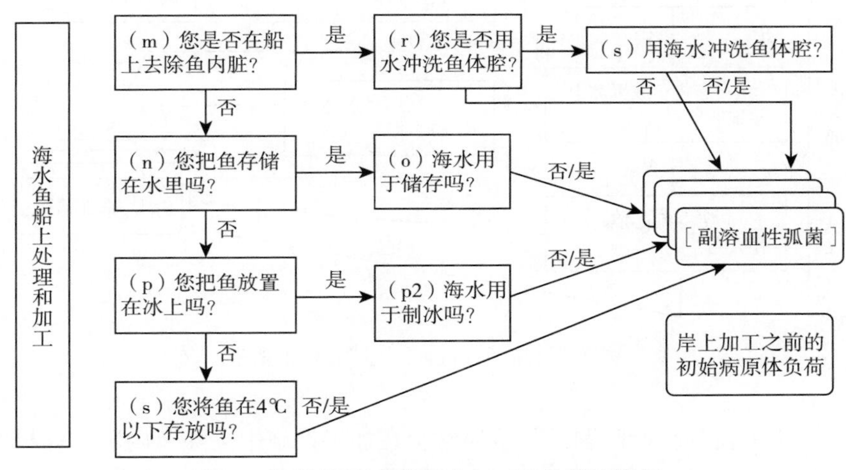

图6　海洋/河口鱼类船上加工和处理决策树

（m）初级问题是是否在船上去除鱼内脏；是否执行此步骤可能会潜在地影响病原体负荷并引发以下问题：

（n）如果鱼未去内脏，则通常将其保存在（活着）容器的水中；

（o）如果使用海水存储未去除内脏的鱼，与其他水相比，这可能导致副溶血性弧菌水平有差异；对于使用哪种水及其水源问题的答案，可能会需要按数量级评估预期的副溶血性弧菌负荷。

（p）如果未去除内脏的鱼没有放在水中，问题是是否将其放在冰上。如果是这样，下一个问题（p2）是冰是否由海水制成；同样，这可能会按浓度风险量级（类别）的顺序增加预期的副溶血性弧菌负荷。

（q）如果未去除内脏的鱼没有放在冰上，则问题与是否还有其他冷藏方法有关。副溶血性弧菌最重要的控制措施是在船上将鱼在4℃或以下储存。同样，如果情况并非如此，则取决于储存时间，预计会增加初始病原体负荷，并且可能增加岸上加工环境的风险（见海洋/河口鱼类岸上加工）。

（r）如果初始问题的答案为“是”（Y），并且在船上去除鱼内脏，则它可能冲洗，也可能不冲洗。在后续处理过程中，不冲洗可能导致交叉污染。

（s）如果问题（r）的答案为“是”（Y），并且用海水冲洗去除内脏的鱼，则可能会将副溶血性弧菌引入腔体内。如果是否定的答案，需要对决策树的海洋/河口鱼类岸上加工前对副溶血性弧菌负荷进行初步评估（图 7）。

岸上加工海洋/河口鱼类　在案例情景中，设想有一座处理马鲭鱼的工业加工设施（图 7）。

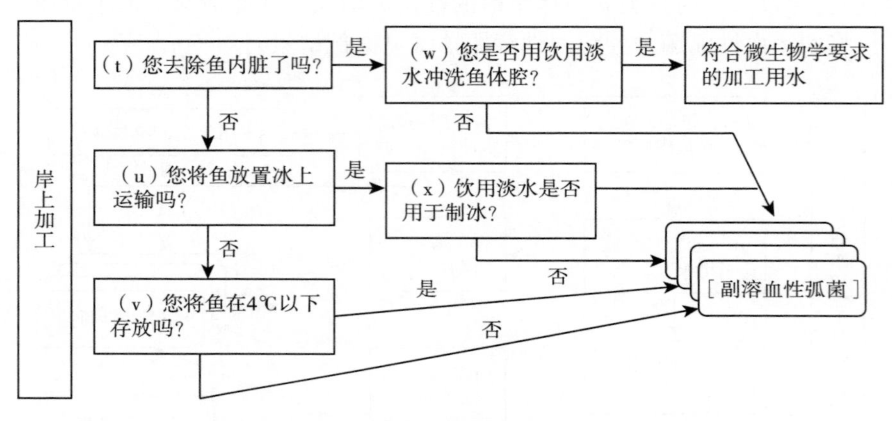

图 7　海洋/河口鱼类岸上加工决策树

（t）决策树的初始问题是是否通常会在加工设施中去除鱼内脏；如果答案为“是”（Y），则下一个问题（w）是是否用饮用淡水冲洗鱼体腔，在这种情况下，此时不再存在副溶血性弧菌的风险。如果不使用用饮用淡水冲洗鱼体腔，风险就取决于所用水的种类及其来源，可能需要按数量级评估预期的副溶血性弧菌负荷。

最重要的控制措施是按照世界卫生组织《饮用水水质准则》（GDWQ）（2017）用饮用水冲洗鱼体腔。预计鱼随后被加工成鱼片，并在正常的卫生条件下立即包装（遵循《鱼类和渔业产品法典操作规范》的指导和规定）。

（u/v），如果初始问题（t）是否去除鱼内脏的答案为“否”（N），则在决策树中询问是否将完整的鱼在冰上运输到市场、饭店等。或是否在 4℃以下保存（问题 v）。这将会导致病原体死亡，特别是如果将鱼冷冻 48 小时。详情见下文中的“确定关键控制点”。

（w）饮用水是否用于制冰可能会对鱼中副溶血性弧菌病原体负荷产生额外影响。例如，在家中用饮用水再冲洗鱼可以减轻初始病原体负荷的影响。

6.2.5 确定关键控制点

决策树显示，在生食鱼类和甲壳类动物生产中，在水质管理方面可采用多重防控方法。但是，某些控制点是最重要的，即关键控制点：

①最重要的一点是，**去内脏后用（流动的）饮用水清洗鱼。**食典没有就达到饮用水质量要求提供具体指导。因此，建议应进一步参考现有水质管理准则（饮用水水质准则，水安全规划）或新的准则（决策树）。

②控制温度以避免病原体生长至关重要。在抑制微生物病原体生长的温度下保存海鲜或限制海鲜在这些温度以上的保存时间，对于控制微生物病原体水平至关重要。冷冻是灭活鱼类中寄生虫的重要控制措施。《鱼类和渔业产品卫生法典》（CAC，2016）已对此进行说明，因此，尽管控制温度被认为是重要的，但在这些决策树中并未涉及。

③建议使用良好卫生措施避免交叉污染。《鱼类和渔业产品卫生法典》（CAC，2016）已对此进行了说明。

④保护池塘免受粪便污染，可避免微生物危害引入。《鱼类和渔业产品法典操作规范》（CAC，2016）已经对此进行了描述，指导和背景文件可以进一步支持实际应用。为此，可以参考《世界卫生组织水和卫生安全规划准则》。

评估与鱼类有关的流行病学暴发数据以及有关病原体与鱼类加工环境的相关性。非洲和东南亚的数据非常缺乏，只有欧盟和北美的有限数据可用。这是一个可以解决的研究差距。但应当指出，遵循所述关键控制点的已知风险降低策略和减轻措施仍然适用。

6.2.6 结论与建议

建议

• 一些病原体需要重点关注，最重要的是海洋或河口环境中的副溶血性弧菌。其他肠胃病原体，包括霍乱弧菌、沙门氏菌、志贺氏疟原虫和气单胞菌，可以被认为是一个通用组，主要与淡水养殖有关，尽管并不完全如此。

• 淡水鱼与海水和河口水鱼间存在差异。对于这两种情景，都假定终端产品将以生食或未烹熟方式食用，与烹熟鱼相比，它们将带来更大的风险。获得足够清洁或可饮用质量的水，意识到这种需求并采取严格的卫生措施，对于生食鱼来说至关重要。

• 基于决策树，关键控制点包括保护池塘免受粪便污染、用饮用水冲洗、控制温度和时间以及避免交叉污染，这些都表明在生产可生食鱼类和甲壳类动物时，在水质管理中采用多重防控方法是可行的。

挑战与差距

• 非洲和东南亚鱼类加工环境与鱼类有关的流行病学暴发数据以及与相关病原体关系的数据非常缺乏，只有欧盟和北美的有限数据可用。这是一个可以解决的研究差距，以便对适用风险减少措施进行更多的代表性评估。

• 实施或制定安全用水管理计划的可行性、生产系统的多样性、管理计划使用者的能力、产量和经济发展状况，可能需要逐案考虑；一种决策树方法可能不适合全球所有鱼类生产系统。

• 鱼类和渔业产品法典准则和操作规范已经涵盖了食品制备的卫生程序。但是，这些文档可能不足以供所有用户充分访问。需要推荐适用于特定环境和用户的其他指导资源。

6.2.7 渔业产品决策树参考文献

鱼源性病原体和疾病负担研究

FAO/WHO. 2003. Risk assessment of choleragenic *Vibrio cholerae* O1 and O139 in warm-water shrimp in international trade: Interpretative summary and technical report. Microbiological Risk Assessment Series 9 (available at http://www.fao.org/tempref/docrep/fao/009/a0253e/a0253e00.pdf). Accessed 27 July 2018.

FAO/WHO. 2011. Risk assessment of *Vibrio parahaemolyticus* in seafood: Interpreta-tive summary and technical report. Microbiological Risk Assessment Series 16 (available at http://www.fao.org/3/a-i2225e.pdf). Accessed 27 July 2018.

Janda, J. M., Abbott, S. L. & McIverc, C. J. 2016. *Plesiomonas shigelloides* Revisited. *Clin. Microbiol. Rev.*, 29: 349 - 374.

Miller, M. L. & Koburger, J. A. 1985. *Plesiomonas shigelloides*: An opportunistic food and waterborne pathogen. *J. Food Prot.*, 48: 449.

WHO/FERG. 2015. Estimates of the global burden of foodborne diseases. Foodborne diseases burden epidemiology reference group 2007—2015. World Health Organization, 2015. (available at http://www.who.int/foodsafety/publications/foodborne _ disease/fergreport/en/). Accessed 27 July 2018.

Bad Bug Book-FDA. (available at https://www.fda.gov/downloads/food/foodsafety/foodbornei-llness/foodborneillnessfoodbornepathogensnaturaltoxins/badbugbook/ucm297627.pdf). Accessed 27 July 2018.

EFSA Food Consumption Database. (available at https://www.efsa.europa.eu/en/food-consump-tion/comprehensive-database). Accessed 27 July 2018.

WHO. 1999. Food safety issues associated with products from aquaculture: Report of a joint FAO/NACA/WHO Study Group, Technical report series 883. (available at http://www.who.int/foodsafety/publications/aquaculture/en/). Accessed 27 July 2018.

关键控制点和卫生措施

CAC. 2013. CXC 52—2003 Codex Code of Practice for Fish and Fishery Products. FAO 2013.

WHO. 2015. Sanitation Safety Planning, Manual for safe use and disposal of wastewater, greywater and excreta. (available at http://www.who.int/water_sanitation_health/publica-tions/ssp-manual/en/). Accessed 25 September 2018.

WHO. 2006. Guidelines for safe use of wastewater and excreta in agriculture and aqua-culture. Mara, D. & Cairncross, S, eds. (available at http://www.who.int/water_sanitation_health/publications/wasteuse/en/). Accessed 27 July 2018.

饮用水生产和保护准则

WHO. 2017. Guidelines for Drinking-Water Quality (GDWQ) (4th edition, 2017, incorporating the 1st addendum). (available at http://www.who.int/water_sanitation_health/publications/drinking-water-quality-guidelines-4-including-1st-addendum/en/). Accessed 25 September 2018.

WHO. 2011. Evaluating household water treatment options: Health-based targets and microbiological performance specification. (available at http://www.who.int/water_sanitation_health/publications/2011/household_water/en/). Accessed 27 July 2018.

WHO/Europe. 2014. Water Safety Plan: A field guide to improving drinking-water safety in small communities. (available at http://www.euro.who.int/en/publications/ab-stracts/water-safety-plan-a-field-guide-to-improving-drinking-water-safety-in-small-communities). Accessed 27 July 2018.

WHO Water Safety Planning publications. (available at http://www.who.int/water_sanitation_health/publications/wsp-roadmap.pdf?ua=1). Accessed 27 July 2018.

6.3 食品企业的回用水

食品生产企业回用水主要有两种广泛应用：①与食品有接触的应用；②不与食品接触的应用。本文详述了以上两种应用。

6.3.1 非食品接触应用

“非食品接触”应用包括蒸汽、锅炉给水、灭火用水、车辆清洗用水（除食品运输车辆外）、草坪用水、外部表面清洁水或马桶冲水。尽管这些应用可能需要的水量较少，但是从微生物安全性角度来看，不需要使用饮用水，并且可以重复使用再生水或循环水（CAC，1969）。

在避免或防止非食用水与食品或食品接触材料接触方面，食品生产的设计和基础设施必须保持一致性和有效性，这是至关重要的前提。在通过物流和工作人员培训进行接触控制的情况下，则需要定时进行主动管理和所需性能监测，以确认在日常运行中不会违反产品安全性的要求。当运营管理有效地确保非食品接触水仅用于非食品接触目的时，就不需要对微生物参数进行额外、主动地管理。

非食品接触应用包括闭环再循环系统，该系统用于冷却或加热产品材料，其中用水不一定必须具有饮用水的质量或其他合适微生物的质量。循环水与食品或食品材料间物理屏障的完整性对于避免交叉污染至关重要，需要定期监测以确保物理屏障完好无损。

6.3.2 食品接触用水

与食品原料可能有意或无意接触的水需要满足微生物学要求，从而不会影响消费者的食品安全性。

食品接触用水包括以下应用：

• 作为食品原料成分；

• 用于有意的食品接触应用，如清洗和运输、漂白、腌制、浸泡食品材料；

• 用于有意的食品表面接触应用，例如操作过程中与食品接触的表面/设备（包括就地清洁的水）的清洁和消毒。

无意的食品接触用水包括对加工设备和生产线的非食品部分接触面的清洁和消毒、洒水、墙壁和天花板的清洁等，无法完全一致地排除水与食品或食品接触表面的交叉污染。

由于有意和无意的食品接触均可能需要大量的水，因此，从食品或食品接触源回收的再利用水可以替代首次使用的饮用水，能够有效减少首次的用水量和排水量。

如果在食品接触应用中利用再生水或循环水，则该回用水的微生物学状态必须等同于饮用水（世界卫生组织，2017），或者考虑到作为食品材料，不得含有会危害消费者安全的微生物风险。后者需要对再利用水源、回收方法、储存方法和运输方法以及回用水的应用进行逐案风险评估，以识别重大微生物危害并确定有效和一致的缓解方案。

微生物危害的风险缓解/管理措施组合可能包括：

• 作为食品安全管理体系运营的一部分（例如良好卫生规范和危害分析以及关键控制点计划），设定微生物危害界限并实施具体的控制措施，对其性能进行适当的确认和验证；

• 再处理回用水以消除危害或将危害降低到适用的可接受的品质水平；

• 回收再利用水，使其具有饮用水的品质或没有危害或达到适用的可接受的品质水平；

• 积极管理运营，以可靠地排除/避免或有效控制任何回用水的微生物污染。

如果食品受到污染的可能性可以显著降低，从而不会对消费者的安全造成不良影响，即可以接受风险，则可以使用回用水。例如，在终端产品和后续产品间的交叉污染得到控制的前提下，最终冲洗过程中的饮用水可以循环再利用，以在早期加工阶段（例如逆流过程）进行产品材料的冲洗/清洗/清洁，例如有效的加工用水处理措施。最终冲洗仍使用饮用水源中的水，而循环水的使用减少了首次使用的饮用水量和排水量。同样，当水在闭环加热或冷却系统中循环使用时，尽管需要定期监测和验证系统的物理完整性，但已经将污染风险降到了最低。只要物理防控被证实完好无损，闭环系统中的水循环可能不同于饮用水，具有不同的微生物状态。

6.3.3 制定决策树的方法

6.3.3.1 基于风险评估的适用水回用框架

提出的基于风险评估的框架考虑了不同类型的回用水在食品生产中符合目标的应用，并区分了水的使用类型：

(a) 作为食品原料成分；

(b) 用于有意的食品接触应用（与食品或表面接触）；

(c) 用于无意的食品接触应用（与食品或表面接触）；

(d) 用于非食品接触应用。

由于文献和准则中对水回用描述不明确且不一致，表3详细描述了三种类型的回用水和首次使用水。

根据不同的应用，回用水经过或者不经过适当的再处理都可以使用。某些应用在进行水回收、再利用、存储和再处理时可能需要大量微生物学专业知识，以及评估和管理与水回用有关的消费者风险和在食品加工作业中实施水回用时需要技术和工程方面、经济和法规方面的专业知识。

简单评估不同类型水的用途：

• 首次用水适合企业四种应用中的任何一种。原则上，已知饮用水来源可靠且符合相关水质准则（例如世界卫生组织《饮用水水质准则》），则企业不需要专门技能来判断水的微生物状况。

• 所有四种水类型都适用于非食品接触应用。原则上，当已知不可能与食品表面接触时，企业不需要专门技能来判断水的微生物质量。

• 只要没有显著的微生物危害，或从消费者安全角度考虑微生物风险水平可以接受，所有三种类型的回用水都可以用于所有应用。在这种情况下，为了确保适合目的的应用要求加工设施具备必要的能力（或可以从外部访问获得这些能力）：

表3　食品生产中使用的各种类型用水的定义

<table>
<tr><td>首次使用水</td><td colspan="2">来自外部来源的饮用水，可用于任何食品加工作业</td></tr>
<tr><td rowspan="4">回用水</td><td colspan="2">从食品生产中加工环节回收的水，包括食品原料成分和/或在必要的再处理后打算在同一、之前或之后的食品加工作业中重复使用的水。
本报告涵盖以下三种类型回用水</td></tr>
<tr><td>再生水</td><td>水最初作为食品原料成分，已在加工环节中从食品原料中去除，打算在随后的食品加工过程中重新使用。
例如：原来是原材料或食品一部分的水（例如番茄、甜菜、牛奶、乳清），通过加工步骤去除（例如，甜菜或番茄汁蒸发并收集的冷凝水；牛奶或乳清中蒸发的冷凝水；乳清反渗透水）</td></tr>
<tr><td>循环水</td><td>从食品加工过程中获得的除首次使用或再生水以外的水，或再处理后在同一作业中重复使用的水。
例如盐水、烫水以及用于后续加工环节的蔬菜和水果等原材料运输或洗涤的水，在首次使用后，会继续在前面的加工环节中重复使用，直到将其用于田间产品清洁后，最后再废弃或再处理</td></tr>
<tr><td>再循环水</td><td>水在闭环中重复使用以进行相同的加工作业，而无需补充水。
例如水循环的冷却或加热系统（例如冷凝器或巴氏杀菌机冷却水）</td></tr>
</table>

> 评估并了解回用水的微生物状况，尤其是相关重大病原体以及它们是否会污染食品或食品接触表面并对消费者构成风险（存在的病原体类型和污染的可能性将决定风险是否可以接受）；

> 在作业过程中有效监测并持续控制相关微生物；

> 进行必要的再处理（单层或多层防控），在应用前将回用水中的相关病原体或适用的微生物指标降低至可接受的水平，并在作业规模上确认再处理水的应用并验证其在作业中的正常效能；

> 制定良好卫生规范及危害分析和关键控制点计划，专门管理企业食品安全管理体系中回用水应用的消费者安全问题；

> 与水接触的产品后期处理，也可能是临界控制点。

当缺乏必要的功能，或无法进行适当的控制或不可控时，应将回用水视为不适合应用，即不安全。

6.3.3.2　风险评估方法

在评估回用水的微生物状况时，应充分了解食品生产中选择的用水回收或循环利用技术，并辅以对回用水生产时或再处理后适当的微生物分析。可能还需要分析再处理或其他处理的理化参数（例如消毒化学药剂水平）。如果回收水的微生物状态不适合食品应用，则水回用时可能需要对水进行再处理。在全面作业期间，应及时确认和验证/监测处理效果，以确保回用水不会损害消费者安全。

要评估回用水的微生物状况是否适合用途，良好的技术需要配合以下几个方面的应用：

- 从加工到消费的整个食物链的所有步骤；
- 食品的预期消费者及食品的消费者食用；
- 回用水的回收、储存、运输和可能的再处理对其微生物状态（质量）的影响；
- 确认日常食品作业管理和水回用应用控制能够满足消费者微生物食品安全目标。

建议采用风险评估方法作为水回用决策的可靠依据，包括：回用水的生产；在需要的时间和地点进行存储和（或）再处理；以及特定用途（包括再循环）的回用水的实际使用情况（图8）。

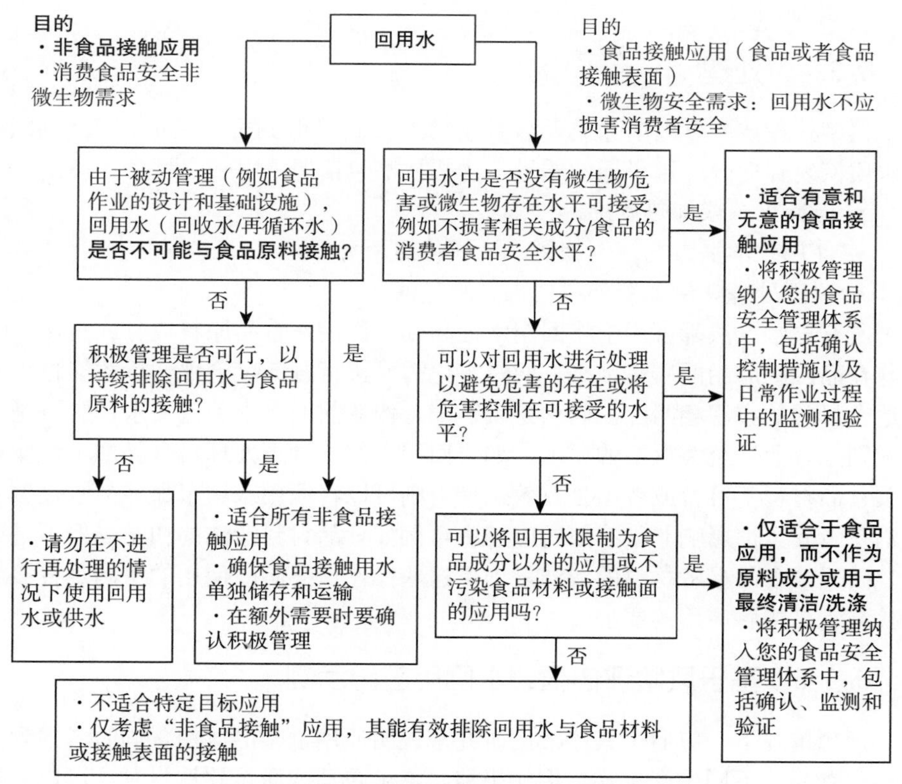

图8 基于风险评估的框架和逻辑，匹配回用水与食品接触或非食品接触的应用

注：这里只考虑微生物危害。但实际上，物理和化学危害以及质量参数（包括微生物稳定性）也需要管理。

例如，在通过热蒸发和随后的冷凝将水从食品原料中回收的情况下，冷凝过程是否有可能使食品原料中（即气溶胶/颗粒中的）微生物残留到冷凝物中？如果答案为“否”，那么进一步处理冷凝水将几乎没有意义，作为食品加工作业的食品安全管理体系的一部分，需要通过适当的监测方案来确认过程并验证技术是否按预期运行。

如果答案为“是”（例如由于气溶胶或颗粒形成），则需要微生物学专业知识来确定：

- 食品原料中可能存在哪些微生物危害，何种水平；
- 这些危害是否会在回用水生产过程中存下来；
- 回用水使用时具有活性的微生物的危害水平如何？以及用水前，在运输或储存过程中微生物危害水平可能会提升到何种水平；
- 回用水的预期应用；
- 其他因素。

6.3.4 处理

典型处理技术可以消除或灭活微生物或将其降低到可接受的回用水水平，将水质恢复到适合应用目标的质量，这些技术包括但不限于：

- 巴氏灭菌或加热煮沸；
- 使用化学消毒剂，例如氯、二氧化氯、臭氧；
- 物理处理，例如紫外线消毒、膜过滤。

所有这些方法都可用于将回用水提高到允许用作食品原料成分或直接或间接与食品接触应用的质量水平，同时牢记需要进行逐案风险评估后才能将水源与适合目的的应用相匹配。确认是否匹配是作业前的一项关键要求，验证是否匹配则是作业后至关重要的要求。如果回用水的这种再处理对食品加工作业和相关食品材料不可行或者不是有效选择，则可以将回用水用于那些与水接触后对消费者安全性影响非常有限的应用中，例如食品材料清洗的初始（但不是最终）阶段或食品接触材料的清洁，确保这些操作最终阶段使用的水满足直接或间接与食品接触应用的要求。

6.3.5 基于风险评估框架水回用应用示例

理想情况下，应通过具体案例研究来说明通用框架的应用，同时考虑到生产不同食品的不同生产方式，例如奶酪、加工番茄或瓶装软饮料。这可以被视为下一步的工作。

6.3.6 结论与建议

食品工业中的回用水正成为一种常规做法。水初次使用成本或废水排放成本以及用水的可获得性是水回用/回收做法的主要驱动因素。

• 处理回用水以适合应用目的将取决于对回用水风险的评估。风险评估和由此产生的风险管理计划必须满足食品加工商应对回用水风险的识别能力，并应考虑其他因素，例如满足对微生物参数、成本和收益的管理要求。尽管已经知道化学危害也很重要，但这里的重点是微生物危害，并且可能需要考虑工人的职业安全。

• 任何再利用项目都需要相应的投资，并且需要研发技术进行合理的风险分析、确定关键控制点、识别参数以正确地监测和管理处理措施，同时需要了解适用于水回用以及终端产品质量和安全的法规框架。

• 消费者的看法可能会成为食品生产中采用水循环利用做法的障碍。因此，强烈建议在与客户和公众交流食品生产中的水循环利用活动时，应使用恰当的术语。此外，监管机构和其他相关政府人员可能会注意到应该解决的问题。

• 教育和培训机会，其中包括研讨小组和电子学习资料，对于质量管理人员以及监管工作人员和检查服务而言都是至关重要的。

6.3.7 水回用决策树参考文献

CAC. 1969. General Principles of Food Hygiene. CXC 1—1969.

CCFH. 1999. Discussion paper on proposed draft guidelines for the hygienic reuse of processing water in food plants. CX/FH 99/13.

CCFH. 2001. Proposed draft guidelines for the hygienic reuse of processing water in food plants. CX/FH 01/9.

WHO. 2017. Guidelines for drinking-water quality (4th edition, incorporating the 1st addendum).

7 结　　论

7.1　一般结论与建议

• 水是珍贵资源，但全球水资源正在减少。应当对食品生产中用水进行管理以确保安全，同时避免不必要的消耗和浪费以及社区和环境的相关成本。

• 这次专家磋商会为第一次专家会议的结论提供了更详细的支持，例如《国际食品法典》、国际机构和主管部门提供的水质定义以及水是否适合具体食品应用的定义不一致，食品企业不易操作。

• 总体来说，为确保饮用水安全和食品安全采取的风险管理方法的原则存在相似之处，可用于管理食品生产和加工中的用水安全。基于科学证据的健康风险评估是必不可少的，应该在水安全规划或危害分析和关键控制点总框架内的关键控制点实施风险降低措施，并需要进行验证以确保计划/系统按预期运行。

• 在初级生产和食品加工中，与饮用水供应相比还存在其他复杂性；这些复杂性与食品的高度多样性和可变性及其在供应链中与水的接触、微生物危害和影响其存在和控制的因素以及食品的最终用途有关。

• 在初级生产和食品加工中，使用饮用水或具备饮用水品质的水可能是最安全的选择；但是，为确保食品供应中的用水安全，仅要求使用饮用水并不总是可行的、实用的或负责任的解决方案。饮用水并非总是可用的，因此不能一次性使用饮用水，要减少不必要的浪费，并且只要不损害消费者的产品安全性，其他类型的水也可以满足某些使用目标。

• 解决食品安全和水回用的风险管理计划必须考虑许多因素，例如工人的职业安全、对具体专业知识的需求、投资、成本效益分析和消费者认识的引导。

• 决策树为风险管理者提供了一种工具，基于对消费和现场环境中健康风险的最终评估，决定水用途的适合性以及在供应链给定步骤中使用或重复使用所需的微生物质量（饮用水或其他合适的质量）。

• 会议建议《国际食品法典》文件应更加强调基于风险评估的安全用水和水回用方法。

• 在《国际食品法典》文本中，应明确说明基于风险评估的安全水源的寻找方法和适合目的的使用方法，而不应特别指出要使用饮用水或在某些情况下使用其他类型的清洁（安全）水。

7.2 跨领域问题

7.2.1 食品生产用水的微生物质量标准

• 对于食品工业中各种类型用水来说，缺乏用于验证、运营和监测的微生物标准指导。而就推荐的标准来说，不同国家的主管部门之间并不一致。

• 列举的微生物指标最常用作水中病原体（细菌、病毒、寄生虫）检测的替代方法；然而，最合适的微生物指标种类或危害范围类别尚无普遍共识，其科学依据仍不确定且存在争议。

• 这并非是一个新问题，并且目前没有可用于食品生产用水的简单解决方案。建议进一步研究适当的标准，并注意以下意见：

> 在建立任何微生物学标准时，必须强调基于风险评估的方法，并且可能需要逐步采用这种方法。

> 微生物标准是风险管理人员使用的风险管理度量值之一，《国际食品法典》提供了制定和指导原则（CXG 63—2007）。

> 因为大肠杆菌水平不被认为是可能存在的细菌、病毒和寄生虫多样性合适的替代指标，仅由大肠杆菌水平定义的饮用水水质不适合评估食品安全中的安全用水。

> 提议评估目前使用的标准，在采用更具体的标准以后，可以探索提供高水平方法的标准。

> 可采用与水安全规划相同的方法，探索建立具体行业标准的可行性。一些行业有特定的危害风险，例如海鲜中的海洋微生物。

> 现场和在线使用需要访问路径和适当的分析工具。

> 饮用水是许多国家非常宝贵的资源，许多人仍然无法获得安全饮用水和卫生设施。在这种情况下，制定任何一种重要的微生物标准都是一种挑战。

7.2.2 知识和数据差距

• 对于通过水引入的微生物危害的行为、水与各种产品的相互作用、供应链上不同步骤中不同环境微生物危害的引入以及风险降低措施改善水质的有效性，和水回用中不可预见污染的担忧，均缺乏足够了解。

- 用于风险评估的定性和定量数据非常有限，在某些地区甚至不存在。

7.2.3 通信工具

- 教育和培训以及鼓励改变行为的计划是有效管理食物链中安全用水风险的重大需求。只有食物链参与者意识到方法对其操作的价值，“适合目的的方法”的概念以及在决策支持系统中实施指导才是有效的。应该研究并制定方法，以促进食物链参与者行为改变和接受适合目的概念。
- 向食品工业、监管机构、客户和公众传达有关初级生产和食品加工中的水回用活动时，应使用适当的术语，以减少水回用会导致产品不安全的看法。

参考文献

REFERENCES

CAC. 2016. Code of practice for fish and fishery products (CXC 52—2003).

CAC. 2003a. Code of hygienic practice for fresh fruits and vegetables (CXC 53—2003).

CAC. 2003b. Recommended international codes of practice: General principles of food hygiene (CXC 1—1969). Rev. 4—2003.

CCFH (Codex Committee for Food Hygiene). 2001. Proposed draft guidelines for the hygienic reuse of processing water in food plants. CX/FH 01/9.

EC (European Commission). 2017. European Commission Notice No. 2017/C 163/01 Guidance document on addressing microbiological risks in fresh fruit and veg-etables at primary production through good hygiene. (available at https://eur-lex. europa. eu/legal-content/EN/TXT/? uri=CELEX%3A52017XC0523%2803%29). Accessed 3 October 2018.

EFSA. 2012. EFSA Panel on Biological Hazards (BIOHAZ) and EFSA Panel on Contaminants in the Food Chain (CONTAM): Scientific opinion on the minimum hygiene criteria to be applied to clean seawater and on the public health risks and hygiene criteria for bottled seawater intended for domestic use. *EFSA J*. 10: 2613. (available at https://www. efsa. europa. eu/en/efsajournal/pub/2613). Accessed 25 September 2018.

ILSI. 2008. Considering water quality for use in the food industry. (available at http://ilsi. org/publication/considering-water-quality-for-use-in-the-food-industry/) Accessed 20 June 2018.

WHO. 2017. Guidelines for drinking-water quality. 4th edition, incorporating the first addendum. Geneva. (available at http://apps. who. int/iris/bitstream/hand le/10665/254637/9789241549950-eng. pdf; jsessionid = A955F5C6A973393C44441 BF8005F1BB4? sequence=1). Accessed 27 June 2018.

WHO. 2016. Quantitative microbial risk assessment. Application for water safety management Updated November 2016. (available at http://www. who. int/water _ sanitation _ health/publications/qmra/en/). Accessed 21 June 2018.

WHO. 2015. Sanitation safety planning. Manual for safe use and disposal of wastewater, greywater and excreta. (available at http://www. who. int/water _ sanitation _ health/publications/ssp-manual/en/). Accessed 9 July 2018.

WHO 2006a. WHO guidelines for safe use of wastewater and excreta in agriculture and aquaculture.

WHO 2006b. Five keys to safer food manual. (available at http://www. who. int/foodsafety/publications/5keysmanual/en/). Accessed 25 September 2018.

附件　资源材料

在为会议提供的背景评估中确定了主要参考资料。下面列出了这些参考资料，包括已出版的文献、标准、准则以及其他文件。这些参考资料用于主报告第 2 章生鲜农产品、第 3 章渔业产品和第 4 章回用水的背景概述。

1. 相关风险评估方法和可用工具

CAC 1999. Principles and guidelines for the conduct of microbiological risk as-sessment. CXG—30（1999）.

1.1　描述性评估

WHO. 2017. Progress on drinking water，sanitation and hygiene. Update and SDG baselines.

WHO. 2016. Quantitative microbial risk assessment：Application to water safety management.

WHO. 2016. Safe sanitation planning.

WHO. 2012. Five keys to growing safer fruits and vegetables.

WHO/UNICEF. 2012. Rapid assessment of drinking-water quality：A handbook for implementation.

1.2　半定量风险评估

FAO. 2014. FAO fisheries and aquaculture technical paper 574：Assessment and management of seafood safety and quality：current practices and emerging issues.

WHO. 2016. Safe sanitation planning.

WHO. 2005. Water safety plans：Managing drinking-water quality from catchment to consumer.

WHO/UNICEF. 2012. Rapid assessment of drinking-water quality：A handbook for Implementation.

1.3 微生物定量风险评估

WHO. 2017. Guidelines for drinking-water quality (4th edition).

WHO. 2017. Guidelines for drinking-water quality (4th edition, incorporating the first addendum). Potable reuse: Guidance for producing safe drinking-water.

WHO. 2011. Evaluating household water treatment options: Health-based targets and microbiological performance specifications.

WHO. 2006. WHO guidelines for the safe use of wastewater, excreta and greywater.

1.4 决策支持树方法

ILSI. 2008. Considering water quality for use in the food industry. Report commissioned by the ILSI Europe environment and the health task force.

2. 风险降低措施

ILSI. 2013. Water recovery and reuse: Guideline for safe application of water conserva-tion methods in beverage production and food processing.

ILSI. 2008. Considering water quality for use in the food industry. Report commissioned by the ILSI Europe environment and the health task force.

WHO. 2016. Step-by-step monitoring methodology for 6.3.1-work in progress to be revised based on country feedback.

WHO. 2011. Evaluating household water treatment options.

WHO. 2006. Guidelines for the safe use of wastewater. Volume 3: Wastewater and excreta use in aquaculture.

WHO. 2002. Managing water in the home: Accelerated health gains from improved water supply.

3. 收获前的生鲜农产品

Alcalde-Sanz, L. & Gawlik, B. M. 2017. Minimum quality requirements for water reuse in agricultural irrigation and aquifer recharge: Towards a water reuse regulatory instrument at EU level, EUR 28962 EN, Publications

Office of the European Union，Luxembourg.

Allende，A. & Monaghan，J. 2015. Irrigation water quality for leafy crops：A perspective of risks and potential solutions. *Internat. J. Environ. Res. Pub. Hlth.*，12：7457 - 7477.

CAC（Codex Alimentarius Commission）. 1999. Principles and guidelines for the con-duct of microbiological risk assessment. CXG，30.（available at http：//www. fao. org/docrep/004/y1579e/y1579e05. htm）.

CAC. 2003. CXC 53. Code of hygienic practice for fresh fruits and vegetables. pp. 1 - 26.（available at http：//www. fao. org/ag/agn/CDfruits _ en/others/docs/alinorm03a. pdf）.

Ceuppens，S.，Johannessen，G. S.，Allende，A.，Tondo，E. C.，El-Tahan，F.，Sampers，I.，Jacxsens，L. & Uyttendaele，M. 2015. Risk factors for *Salmonella*，shiga toxin-pro-ducing *Escherichia coli* and *Campylobacter* occurrence in primary production of leafy greens and strawberries. *Internat. J. Environ. Res. Pub. Hlth.*，12：9809 - 9831.

CPS（Center for Produce Safety）. 2014. Agricultural Water：Five year research review. Center for Produce Safety，Davis CA，USA.（available at https：//producesafetycen-treanz. files. wordpress. com/2014/06/cps-ag-water-research-report-2014. pdf）.

De Keuckelaere，A.，Jacxsens，L.，Amoah，P.，Medema，G.，McClure，P.，Jaykus，L. -A. & Uyttendaele M. 2015. Zero risk does not exist：Lessons learned from microbial risk assessment related to use of water and safety of fresh produce. *Compr. Rev. Food Sci. Food Safety*，14：387 - 410.

EC（European Commission）. 2017. European Commission Notice No. 2017/C 163/01 Guidance document on addressing microbiological risks in fresh fruit and veg-etables at primary production through good hygiene.（available at https：//eur-lex. europa. eu/legal-content/EN/TXT/? uri = CELEX%3A52017 XC0523%2803%29）.

EC. 2004. Commission Regulation（EC）No 852/2004 of the European Parliament and of the Council of 29 April 2004 on the hygiene of foodstuffs. *Off. J. Eur. Union*，L 139：1 - 23.

EC. 1998. Council Directive 98/83/EC of 3 November 1998 on the quality of water in-tended for human consumption. *Off. J. Eur. Communities*，L 330：32 - 54.

EC. 1991. Council Directive 91/271/EEC of 21 May 1991 concerning urban wastewater treatment. *Off. J. Eur. Communities*, No. L 135, 30/05/1991, pp. 40 - 52.

EC. 1980. Council Directive 80/778/EEC of 15 July 1980 relating to the quality of water intended for human consumption. *Off. J. Eur. Communities*, No. L 229, 30. 08. 1991, pp. 11 - 29.

EEA (European Environment Agency). 2017. Use of freshwater resources. (available at https://www. eea. europa. eu/downloads/b2b1971a46d14f349f45e25e2417757d/152 1619965/assessment - 2. pdf).

EFSA (European Food Safety Authority). 2014. Panel on Biological Hazards (BIO-HAZ). Scientific opinion on the risk posed by pathogens in food of non-animal origin. Part 2 (*Salmonella* and Norovirus in leafy greens eaten raw as salads). *EFSA J.*, 11. (available at www. efsa. europa. eu/efsajournal).

FAO (Food and Agriculture Organization). 2017. Water for sustainable food and agri-culture: A report produced for the G20 Presidency of Germany. Rome. (available at http://www. fao. org/3/a-i7959e. pdf).

FAO. 2016. The state of food and agriculture: Climate change, agriculture and food secu-rity. Rome. (available at http://www. fao. org/3/a-i6030e. pdf).

FAO. 2014. Area equipped for irrigation. Prepared by AQUASTAT Main Database, FAO's global water information system, 2014, http://www. fao. org/nr/aquastat. (available at http://www. fao. org/nr/water/aquastat/infographics/Irrigation _ eng. pdf).

FAO. 2011. The state of the world's land and water resources for food and agriculture (SOLAW): Managing systems at risk. Food and Agriculture Organization of the United Nations, Rome and Earthscan, London. (available at http://www. fao. org/docrep/017/i1688e/i1688e. pdf).

FAO/WHO (Food and Agriculture Organization of the United Nations/World Health Organization). 2008. Microbiological hazards in fresh leafy vegetables and herbs. Meeting report. Microbial risk assessment series, 14. (pp. 1 - 138) (available at ftp://ftp. fao. org/ocrep/fao/011/i0452e/i0452e00. pdf).

Gil, M. I., Gómez-López, V. M., Hung, Y. C. & Allende, A. 2015b. Potential of electro-lyzed water as an alternative disinfectant agent in the fresh-cut industry. *Food Bio-proc. Technol.*, 8: 1336 - 1348.

Gombas, D., Luo, Y., Brennan, J., Shergill, G., Petran, R., Walsh, R., Hau, H., Khurana, K., Zomorodi, B., Rosen, J., Varley, R. & Deng,

K. 2017. Guidelines to validate control of cross-contamination during washing of fresh-cut leafy vegetables. *J. Food Prot.*, 80: 312 - 330.

ILSI. 2008. Considering water quality for use in the food industry. Commissioned by the International Life Sciences Institute Europe Environment and Health Task Force. (available at http: //ilsi. org/mexico/wp-content/uploads/sites/29/2016/09/Consid-ering-Water-Quality-for-Use. pdf).

Kader, A. A. & Rolle, R. S. 2004. The role of post-harvest management in assuring the quality and safety of horticultural produce. FAO Rome. (available at http: //www. fao. org/docrep/007/y5431e/y5431e00. htm).

LGMA (Leafy green products handler marketing agreement). 2017. Commodity spe-cific food safety guidelines for the production and harvest of leafy greens. (available at http: //www. lgma. ca. gov/wp-content/uploads/2018/03/2017. 08. 10-CA-LG-MA-Metrics _ Numbered. pdf).

LGMA. 2014. Decision tree for assessing water quality. (available at https: //www. lgma. ca. gov/wp-content/uploads/2014/09/DecisionTree. Assessing Water-Quality. pdf).

Monaghan, J. M., Augustin, J. C., Bassett, J., Betts, R., Pourkomailian, B. & Zwietering, M. H. 2017. Risk assessment or assessment of risk? Developing an evidence-based approach for primary producers of leafy vegetables to assess and manage microbial risks. *J. Food Prot.*, 28: 725 - 733.

Pachepsky, Y., Shelton, D., Dorner, S. & Whelan, G. 2016. Can *E. coli* or thermotolerant coliform concentrations predict pathogen presence or prevalence in irrigation waters? *Crit. Rev. Microbiol.*, 42: 384 - 393.

Pachepsky, Y., Shelton, D. R., McLain, J. E. T., Patel, J. & Robert, E. 2011. Irrigation waters as a source of pathogenic microorganisms in produce: A review. *Adv. Agrono-my.*, 113: 73 - 138.

Suslow, T. V. 2013. Chlorination in the production and post-harvest handling of fresh fruits and vegetables. Chapter 6. (available at https: //www. siphidaho. org/env/pdf/Chlorination _ of _ fruits _ and _ veggies. PDF).

Suslow, T. V. 2010. Standards for irrigation and foliar contact water. (available at http: //www. pewtrusts. org/～/media/assets/2009/pspwatersuslow1pdf. pdf).

University of Cornell. 2015. The National Good Agricultural Practices (GAPs) Program. Funded by CSREES-USDA and US-FDA. (available at https: //gaps. cornell. edu/educational-materials/decision-trees/agricultural-water-production).

US EPA (United States Environmental Protection Agency). 2012. Guidelines for water reuse. EPA/600/R-12/618. Washington DC, USA. (available at https://www3.epa.gov/region1/npdes/merrimackstation/pdfs/ar/AR-1530.pdf).

US EPA. 1999. Alternative disinfectants and oxidants guidance manual, EPA 815-R-99-014. (available at https://nepis.epa.gov/Exe/ZyPDF.cgi?Dockey=2000229L.txt).

US FDA (United States Food and Drug Administration). 2017a. Analysis and evaluation of preventive control measures for the control and reduction/elimination of microbial hazards on fresh and fresh-cut produce: Chapter VII. The use of indicators and surrogate microorganisms for the evaluation of pathogens in fresh and fresh-cut produce. (available at http://wayback.archive-it.org/7993/20170111183957/http:/www.fda.gov/Food/FoodScienceResearch/SafePracticesforFoodProcesses/ucm091372.htm).

US FDA. 2017. Code of federal regulations. Sec. 173.300 Chlorine Dioxide. (available at https://www.accessdata.fda.gov/scripts/cdrh/cfdocs/cfcfr/CFRSearch.cfm?fr=173.300).

US FDA. 2011. Food safety modernization act: proposed rule for produce: standards for the growing, harvesting, packing, and holding of produce for human consumption; Food and Drug Administration: College Park MD, USA. (available at https://www.fda.gov/Food/GuidanceRegulation/FSMA/ucm334114.htm).

US FDA. 2009. Draft guidance for industry: Guide to minimize microbial food safety hazards of leafy greens. (available at https://www.fda.gov/RegulatoryInformation/Guidances/ucm174200.htm).

Uyttendaele, M., Jaykus, L. A., Amoah, P., Chiodini, A., Cunliffe, D., Jacxsens, L. & Medema, G. 2015. Microbial hazards in irrigation water: standards, norms, and testing to manage use of water in fresh produce primary production. *Compr. Rev. Food Sci. Food Safety*, 14: 336-356.

WHO (World Health Organization). 2017. Guidelines for drinking-water quality (4th edition, incorporating the first addendum). (available at http://apps.who.int/iris/bitstream/handle/10665/254637/9789241549950-eng.pdf;jsessionid=8E9E2F0CB98F9E884B2E9BA42847C86E?sequence=1).

WHO. 2011. Guidelines for drinking water quality (4th edition).

WHO. 2004. Guidelines for drinking water quality (3rd edition). (available at http://www.who.int/water_sanitation_health/dwq/gdwq3/en/).

WHO. 2008. Benefits and risks of the use of chlorine-containing disinfectants in food production and food processing. Joint FAO/WHO expert meeting, Ann Arbor MI, USA, May. (available at http://www.fao.org/docrep/012/i1357e/i1357e.pdf).

WHO. 2006. Guidelines for the safe use of wastewater, excreta and greywater. Volume IV: Excreta and greywater use in agriculture. (available at http://apps.who.int/iris/bitstream/handle/10665/78265/9241546824_eng.pdf?sequence=1).

Wilkes, G., Edge, T., Gannon, V., Jokinen, C., Lyautey, E., Medeiros, D., Neumann, N., Ruecker, N., Topp, E. & Lapen, D. R. 2009. Seasonal relationships among indicator bacteria, pathogenic bacteria, *Cryptosporidium* oocysts, *Giardia* cysts, and hy-drological indices for surface waters within an agricultural landscape. *Water Res.*, 43: 2209-2223.

4. 收获后的生鲜农产品

Bihn, E., Schermann, M. A., Wszelaki, A. L., Wall, G. L. & Amundson, S. K. 2014. On-farm decision tree project: Post-harvest water. National Good Agricultural Practices Program. (available at https://gaps.cornell.edu/educational-materials/decision-trees/postharvest-water).

Cantwell, M. I. & Kasmire, R. 2002. Post-harvest handling systems: Fruitand vegetables. In: Kader, A. A. (ed.) Postharvest Technology of Horticultural Crops, University of California, Agriculture and Natural Resources, Publication 3311, pp. 407-421.

Danyluk, M. D. & Schaffner, D. W. 2011. Quantitative assessment of the microbial risk of leafy greens from farm to consumption: preliminary framework, data, and risk estimates. *J. Food Prot*, 74: 700-708.

Gil, M. I., Selma, M. V., Suslow, T., Jacxsen, L., Uyttendaele, M. & Allende, A. 2015a. Pre-and post-harvest preventive measures and intervention strategies to control microbial food safety hazards of fresh leafy vegetables. *Crit. Rev. Food Sci. Nutr.*, 55: 453-468.

Gombas, D., Luo, Y., Brennan, J., Shergill, G., Petran, R., Walsh, R., Hau, H., Khurana, K., Zomorodi, B., Rosen, J., Varley, R. & Deng, K. 2017. Guidelines to validate control of cross-contamination during washing of fresh-cut leafy vegetables. *J. Food Prot.*, 80: 312-330.

Gómez-López, V. M., Lannoo, A. S., Gil, M. I. & Allende, A. 2014. Minimum free chlorine residual level required for the inactivation of *Escherichia coli* O157: H7 and trihalomethane generation during dynamic washing of fresh-cut spinach. *Food Control*, 42: 132 - 138.

Holvoet, K., De Keuckelaere, A., Sampers, I., Van Haute, S., Stals, A. & Uyttendaele, M. 2014. Quantitative study of cross-contamination with *Escherichia coli*, *E. coli* O157, MS2 phage and murine norovirus in a simulated fresh-cut lettuce wash pro-cess. *Food Control*, 37: 218 - 227.

ILSI. 2008. Considering water quality for use in the food industry. Commissioned by the International Life Sciences Institute Europe Environment and Health Task Force. (available at http: //ilsi. org/mexico/wp-content/uploads/sites/29/2016/09/Consid-ering-Water-Quality-for-Use. pdf).

Lehto, M., Sipilä, I., Alakukku, L. & Kymäläinen, H. R. 2014. Water consumption and wastewater in fresh-cut vegetable production. *Agricultural and Food Science*, 23: 246 - 256.

LGMA. 2017. Commodity-specific food safety guidelines for the production and harvest of leafy greens. (available at http: //www. lgma. ca. gov/wp-content/uploads/2018/03/2017. 08. 10-CA-LGMA-Metrics _ Numbered. pdf).

López-Gálvez, F., Allende, A., Selma, M. V. & Gil, M. I. 2009. Prevention of *Escherichia coli* cross-contamination by different commercial sanitizers during washing of fresh-cut lettuce. *Internat. J. Food Microbiol.*, 133: 167 - 171.

Luo, Y., Nou, X., Millner, P., Zhou, B., Shen, C., Yang, Y., Wu, Y., Wang, Q., Feng, H. & Shelton, D. 2012. A pilot plant scale evaluation of a new process aid for enhancing chlorine efficacy against pathogen survival and cross-contamination during produce wash. *Internat. J. Food Microbiol.*, 158: 133 - 139.

Luo, Y., Zhou, B., Van Haute, S., Nou, X., Zhang, B., Teng, Z., Turner, E. R., Wang, Q. & Millner, P. D. 2018. Association between bacterial survival and free chlorine concentration during commercial fresh-cut produce wash operation. *Food Microbiol.*, 70: 120 - 128.

Ölmez, H. & Kretzschmar, U. 2009. Potential alternative disinfection methods for or-ganic fresh-cut industry for minimizing water consumption and environmental impact. *LWT-Food Sci. Technol.*, 42: 686 - 693.

Pérez-Rodríguez, F., Saiz-Abajo, M. J., Garcia-Gimeno, R., Moreno,

A.，González，D. & Vitas，A. I. 2014. Quantitative assessment of the *Salmonella* distribution on fresh-cut leafy vegetables due to cross-contamination occurred in an industrial process simulated at laboratory scale. *Internat. J. Food Microbiol.*，184：86－91.

Sapers，G. M. 2009. Disinfection of contaminated produce with conventional technolo-gies. In：Matthews，K. R.，Sapers，G. M.，Gerba，C. P. （eds.） The Produce Contamination Problem：Causes and Solutions. Academic Press，Chapter 17.

Suslow，T. V. 2003. Key points of control and management of microbial food safety：In-formation for growers，packers，and handlers of fresh-consumed horticultural products. Regents of the University of California. Division of Agriculture and Natural Resources. Publication 8102. （available at http：//ucfoodsafety. ucdavis. edu/files/26427. pdf）.

Suslow，T. V. 2001. Water disinfection. A practical approach to calculating dose values for pre-harvest and post-harvest applications. Regents of the University of California. Division of Agriculture and Natural Resources. Publication 7256. （available at http：//anrcatalog. ucanr. edu/pdf/7256. pdf）.

Tomas-Callejas，A.，Lopez-Galvez，F.，Sbodio，A.，Artes，F.，Artes-Hernandez，F. & Suslow，T. V. 2012. Chlorine dioxide and chlorine effectiveness to prevent *Escherichia coli* O157：H7 and *Salmonella* cross-contamination on fresh-cut red chard. *Food Control*，23：325－332.

Van Haute，S.，López-Gálvez，F.，Gómez-López，V. M.，Eriksson，M.，Devlieghere，F.，Allende，A. & Sampers，I. 2015b. Methodology for modeling the disinfection efficiency of fresh-cut leafy vegetables wash water applied on peracetic acid combined with lactic acid. *Internat. J. Food Microbiol.*，208：102－113.

University of Cornell，2015. The National Good Agricultural Practices（GAPs） Program. Funded by CSREES-USDA and US-FDA. （available at https：//gaps. cornell. edu/edu-cational-materials/decision-trees/agricultural-water-production）.

5. 渔业产品

CAC. 1995. Codex general standard for quick frozen fish fillets，CXS 190—1995（available at www. fao. org/input/download/standards/115/CXS _

190e. pdf).

CAC. 2003. Code of practice for fish and fishery products, CXC 52—2003. (available at http: //www. fao. org/fao-who-codexalimentarius/sh-proxy/en/? lnk =1&url=https%253A%252F%252Fworkspace. fao. org%252Fsites%252Fcodex%252FStandards%252F CXC%2B52-2003%252FCXP _ 052e. pdf).

CAC. 2003. General principles of food hygiene, CXC 1—1969, Rev. 4 (2003). (available at http: //www. mhlw. go. jp/english/topics/importedfoods/guideline/dl/04. pdf).

Davidson, V. J., Ravel, A., Nguyen, T. N., Fazil, A. & Ruzante, J. M. 2011. Food-specific attribution of selected gastrointestinal illnesses: Estimates from a Canadian expert elicitation survey. *Foodborne Pathog. Dis.*, 8: 983 - 995.

Dierke, M., Kirchner, M., Claussen, K., Mayr, E., Stratmann, I., Frangenberg, J., Schiffmann, A., Bettge-Weller, G., Arvand, M. & Uphoff, H. 2014. Transmission of shiga toxin-producing *Escherichia coli* O104:H4 at a family party possibly due to contamination by a food handler, Germany 2011. *Epidemiol. Infect.*, 142: 99 - 106.

EC. 2008. Commission Regulation (EC) No 1020/2008. (available at https: //eur-lex. eu-ropa. eu/legal-content/EN/TXT/PDF/? uri=CELEX: 32008 R1020 &from=EN).

EC. 2006. Directive 2006/7/EC of the European parliament and of the council. 2006. (available at https://eur-lex. europa. eu/legal-content/EN/TXT/PDF/?uri=CELEX:32006L0007&from=EN).

EC. 2004. Regulation (EC) No 852/2004 of the European Parliament and of the Council. (available at http: //eur-lex. europa. eu/LexUriServ/LexUriServ. do?uri=OJ: L: 2004: 139: 0001: 0054: en: PDF).

EC. 2004. Regulation (EC) No 853/2004 of the European Parliament and of the Council. (available at http: //eur-lex. europa. eu/legal-content/EN/TXT/PDF/?uri=CELEX:32004R0853&from=en).

Edrington, T. S., Carter, B. H., Farrow, R. L., Islas, A., Hagevoort, G. R., Friend, T. H., Callaway, T R., Anerson, R. C. & Nisbet, D. J. 2011. Influence of weaning on fecal shedding of pathogenic bacteria in dairy calves. *Foodborne Pathog. Dis.*, 8: 395 - 401.

EFSA. 2013. Analysis of the baseline survey on the prevalence of *Listeria monocytogenes* in certain ready-to-eat foods in the EU, 2010-2011. *EFSA*

J. 11：3214.（available at https：//efsa. onlinelibrary. wiley. com/doi/epdf/10. 2903/ j. efsa. 2013. 3241）. Accessed 25 September 2018.

EFSA. 2012. EFSA Panel on Biological Hazards（BIOHAZ） and EFSA Panel on Contami-nants in the Food Chain（CONTAM）：Scientific opinion on the minimum hygiene criteria to be applied to clean seawater and on the public health risks and hygiene criteria for bottled seawater intended for domestic use. EFSA J. 10：2613.（available at https：//www. efsa. europa. eu/en/efsajournal/pub/2613）. Accessed 25 September 2018.

FAO. 2001. Minced fish.（available at http：//www. fao. org/ wairdocs/ tan/ x5950e/ x5950e01. htm）.

FDA. 2018（revised）. Part 110-Current good manufacturing practice in manufacturing，packing，or holding human food.（available at https：//www. accessdata. fda. gov/ scripts/ cdrh/ cfdocs/ cfcfr/CFRSearch. cfm? fr=110. 37）.

FDA. 2018（revised）. Part 117-Current good manufacturing practice，hazard analysis，and risk-based preventive controls for human food.（available at https：//www. ac-cessdata. fda. gov/scripts/cdrh/cfdocs/cfcfr/CFRSearch. cfm? CFRPart=117&showF R=1&subpartNode=21：2. 0. 1. 1. 16. 2）.

FDA. 2018（revised）. Part 123 Fish and fishery products.（available at https：//www. ac-cessdata. fda. gov/ scripts/ cdrh/ cfdocs/ cfcfr/ CFRSearch. cfm? CFRPart=123）.

Gallagher，M. 2008. User-friendly guide to food safety requirements for vessels.（available at http：//irishlangoustine. com/uploads/food%20safety%20for%20vessels. pdf）.

Goulding，I. 2016. Manual on assuring food safety conditions in fish landing and processing.（available at http：//repositorio. iica. int/bitstream/11324/4208/1/BVE17099220i. pdf）.

Hara-Kudo，Y.，Kumagai，S.，Konuma，H.，Miwa，N.，Masuda，T.，Ozawa，K. & Nishina，T. 2013. Decontamination of *Vibrio parahaemolyticus* in fish by washing with hygienic seawater and impacts of the high-level contamination in the gills and viscera. *J. Vet. Med. Sci.*，75：589－596.

Iwamato，M.，Ayers，T.，Mahon，B. E. & Swerdlow，D. L. 2010. Epidemiology of seafood-associated infections in the United States. *Clin. Microbiol. Rev.*，23：399－411.

Møretrø，T.，Moen，B.，Heir，E.，Hansen，A. Å. & Langsrud，S. 2016. Contamination of salmon fillets and processing plants with spoilage bacteria. *Internat. J. Food Micro-biol.*, 237: 98－108.

National Seafood HACCP Alliance. 2017. Hazard Analysis and Critical Control Point Training Curriculum. (available at https://eos.ucs.uri.edu/EOSWebOPAC/OPAC/Common/Pages/GetDoc.aspx? ClientID = EOSMAIN&MediaCode=19100406).

National Seafood HACCP Alliance for Training and Education. 2000. Sanitation Control Procedures for Processing Fish and Fishery Products. (available at http://marketyourcatch.msi.ucsb.edu/sites/marketyourcatch.msi.ucsb.edu/files/docs/resources/Seafood%20HACCP%20Alliance%202000%20Intro %20Sanitation%20 Control%20Procedures.pdf).

SEAFISH. 2016. Compliance support guide pelagic fish incorporating static gear. (available at http://www.seafish.org/rfs/wp-content/uploads/2016/10/Pelagic-Compli-ance-Support-Guide-v2-1.11.2016.pdf).

SEAFISH, Not dated. The good practice guide for pelagic fishermen. (available at http://www.seafish.org/media/publications/Pelagic_GPG.pdf).

Shawyer, M. & Pizzali, A. F. M. 2003. The use of ice on small fishing vessels, FAO.

Shikongo-Nambabi, M. N. N. N., Chimwamurombe, P M. & Venter, S. N. 2010. Factors impacting on the microbiological quality and safety of processed hake. *African J. Biotechnol.*, 9: 8405－8411.

Svanevik, C. S., Roiha, I. S., Levsen, A. & Lunstad, B. T. 2015. Microbiological assessment along the fish production chain of the Norwegian pelagic fisheries sector: Results from a spot sampling programme. *Food Microbiol.*, 51: 144－153.

WHO 2011. Guidelines for drinking-water quality, 4th edition.

Williams, K. J., Ward, M. P., Dhungyel, O. P., Hall, E. J. S. & Van Breda, L. 2014. A longitudinal study of the prevalence and super-shedding of *Escherichia coli* O157 in dairy heifers. *Vet. Microbiol.*, 173: 101－109.

6. 回用水

Holah, J. (ed.) 2012. *Guidelines on the reuse of potable water for food processing operations*, Guideline No. 70, Campden BRI.

食品行业的危害分析和关键控制点准则和适用方法。用于成员。

Campden BRI. 2015. Maguire E., Alldrick A. & Voysey P. (eds.),

Water from alternative sources: uses and treatments. R&D report No. 384. Campden BRI.

食品行业综合报告。用于成员。

Casani, S. & Knøchel, S. 2002. Application of HACCP to water reuse in the food industry. *Food Control*. 13: 315 - 327.

提倡根据水回用用途采用危害分析和关键控制点方法

Casani, S., Rouhany, M. & Knøchel, S. 2005. A discussion paper on challenges and limitations to water reuse and hygiene in the food industry. *Water Res*. 39 (6): 1134 - 1146.

EHEDG (European Hygienic Engineering Design Group). 2018. Doc. 28 Safe and hygienic treatment, storage and distribution of water in food and beverage factories.

食品工业水、设备和程序控制的综合指南（51页）

Environmental Protection Agency (EPA). 2009. The food and drink sector (EPR 6. 10). (available at https://assets. publishing. service. gov. uk/government/uploads/system/uploads/attachment_data/file/298072/geh o0209bpiy-e-e. pdf).

包括回用水在内的材料有效利用的"最佳可用技术"列表

WHO. 2017. Guidelines for Drinking Water Quality. (4th Edition).

综合指南，其中包括基于健康目标的微生物污染物（第3.2节）和饮用水水质的微生物总体情况（第7章）的讨论。

ILSI. 2013. Water recovery and reuse: Guideline for safe application of water conservation methods in beverage production and food processing. (available at http://ilsi. org/wp-content/uploads/2016/05/Guideline-for-Water-ReUse-in-Beverage-Production-and-Food-Processing. pdf).

带有背景材料和示例的准则

ILSI 2008. Considering water quality for use in the food industry. (available at http://ilsi. org/publication/considering-water-quality-for-use-in-the-food-industry/).

水质安全问题，包括食品行业从初级生产到加工的回用水

New South Wales Food Authority. 2008. Water reuse guideline: Food businesses con-sidering reusing water. (available at http://www. foodauthority. nsw. gov. au/_Documents/retail/water_reuse_guideline. pdf).

Russell, S. M. 2013. Water reuse in poultry processing now addressed in the HACCP program. (available at https://secure. caes. uga. edu/extension/

publications/files/pdf/C%20901 _ 3. PDF).

美国家禽业推广服务的示例

USDA FSIS. (United States Department of Agriculture) Food Safety and Inspection Service. 2016. Sanitation performance standards compliance guide. (available at https://www.fsis.usda.gov/wps/portal/fsis/topics/regulatory-comp-liance/compliance-guides-index/sanitation-performance-standards/sanitation-compli-ance- guide).

USDA FSIS. 2005. Water reuse questions and answers regarding 9 CFR 416.2 (g). (available at https://www.fsis.usda.gov/wps/wcm/connect/0575b1264f1d4cf5a21c84c67b65146b/Water _ Reuse _ QA.pdf? M OD=AJPERES.

关于如何解释美国“9 CFR 416.2 (g)”常见问题的有用答案

US EPA (United States Environmental Protection Agency). 2012. Guidelines for water reuse. (available at http://www.waterreuseguide-lines.org/).

US Public Health Service/Food and Drug Administration. 2015. Pasteurized milk or dinance. (available at https://www.fda.gov/downloads/Food/Guidance-Regulation/GuidanceDocumentsRegulatoryInformation/Milk/UCM513508.pdf).

乳业循环水和再生水的具体准则和要求

Waste and Resources Action Programme. 2013. Water minimisation in the food and drink industry. Business Resource Efficiency Guide. (available at http://www.wrap.org.uk/sites/files/wrap/Water% 20Minimisation% 20in%20FD%20Industry.pdf).

行业倡议的行动计划，建议如何节约用水，包括水回用方案。

联合国粮农组织/世界卫生组织
微生物风险评估系列

1. 鸡蛋和肉鸡沙门氏菌风险评估：说明性概要，2002；
2. 鸡蛋和肉鸡沙门氏菌风险评估，2002；
3. 食品和水病原体危害特征：准则，2003；
4. 即食食品中单核细胞增生李斯特菌的风险评估：说明性概要，2004；
5. 即食食品中单核细胞增生李斯特菌的风险评估：技术报告，2004；
6. 婴儿配方奶粉阪崎肠杆菌和微生物：会议报告，2004；
7. 食品微生物危害的暴露评估：准则，2008；
8. 生牡蛎中创伤弧菌风险评估：说明性概要和技术报告，2005；
9. 国际贸易中温水虾霍乱弧菌 O1 和 O139 的风险评估：说明性概要和技术报告，2005；
10. 婴儿配方奶粉阪崎肠杆菌和沙门氏菌：会议报告，2006；
11. 肉鸡弯曲杆菌属风险评估：说明性概要，2008；
12. 肉鸡弯曲杆菌属风险评估：技术报告，2008；
13. 食物中的病毒：支持风险管理活动的科学建议：会议报告，2008；
14. 新鲜叶类蔬菜和草药微生物危害：会议报告，2008；
15. 较大婴儿配方奶粉中的阪崎肠杆菌（*Cronobacter* spp.）：会议报告，2008；
16. 海鲜中副溶血性弧菌的风险评估：解释性总结及技术报告，2001；
17. 食品微生物危害的风险特征：准则，2009；
18. 肉和肉制品中的大肠杆菌：会议报告，2010；
19. 鸡肉中的沙门氏菌和弯曲杆菌：会议报告，2009；
20. 海鲜副溶血性弧菌和创伤弧菌风险评估工具：会议报告，出版中；
21. 双壳软体动物中的沙门氏菌：风险评估和会议报告，出版中；
22. 海产品中人类致病性弧菌检测和计量方法的选择与应用：准则，2016；
23. 基于多重标准的食源性寄生虫风险管理排名，2014；
24. 食品相关的微生物标准统计：风险管理者指南，2016；

25. 一种基于风险分析的猪肉旋毛虫和牛肉绦虫防控方法：会议报告，出版中；

26. 支持微生物风险管理的低水分食品排名：会议报告和系统性评估，出版中；

27. 香料和干香草相关微生物危害：会议报告，出版中；

28. 脂类即食食品中度急性和重度急性营养不良管理的微生物安全性：第一次会议报告，2016；

29. 脂类即食食品中度急性和重度急性营养不良管理的微生物安全性：第二次会议报告，出版中；

30. 牛肉和猪肉非伤寒沙门氏菌控制干预措施：会议报告和系统性评估，2016；

31. 产志贺毒素的大肠杆菌（STEC）与食物：诱因、特征和监测，2018；

32. 由产志贺毒素的大肠杆菌（STEC）引发的疾病，2019；

33. 食品生产和加工用水的安全与质量，2019。

图书在版编目（CIP）数据

食品生产和加工用水的安全与质量：会议报告 / 联合国粮食及农业组织，世界卫生组织编著；马莹等译. —北京：中国农业出版社，2021.10
（FAO 中文出版计划项目丛书）
ISBN 978-7-109-28318-3

Ⅰ.①食… Ⅱ.①联… ②世… ③马… Ⅲ.①食品工业—工业用水—安全管理—研究报告②食品工业—工业用水—质量管理—研究报告 Ⅳ.①TS208

中国版本图书馆 CIP 数据核字（2021）第 104121 号

著作权合同登记号：图字 01 - 2021 - 2172 号

食品生产和加工用水的安全与质量：会议报告
SHIPIN SHENGCHAN HE JIAGONG YONGSHUI DE ANQUAN YU ZHILIANG：HUIYI BAOGAO

中国农业出版社出版
地址：北京市朝阳区麦子店街 18 号楼
邮编：100125
责任编辑：郑 君　　文字编辑：范 琳
版式设计：王 晨　　责任校对：刘丽香
印刷：北京中兴印刷有限公司
版次：2021 年 10 月第 1 版
印次：2021 年 10 月北京第 1 次印刷
发行：新华书店北京发行所
开本：700mm×1000mm 1/16
印张：5.25
字数：100 千字
定价：39.00 元

FAO中文出版计划项目丛书

微生物风险评估系列
第33号

食品生产和加工用水的安全与质量

会议报告

联合国粮食及农业组织　世界卫生组织　编著
马　莹　朱增勇　郝　娜　等　译

中国农业出版社
联合国粮食及农业组织
世界卫生组织
2021・北京

引用格式要求：
粮农组织、世界卫生组织和中国农业出版社。2021 年。《食品生产和加工用水的安全与质量：会议报告》（微生物风险评估系列第 33 号）。中国北京。

14-CPP2020
本出版物原版为英文，即 *Safety and quality of water used in food production and processing：Meeting report*，由联合国粮食及农业组织于 2019 年出版。此中文翻译由中国农业科学院畜牧兽医研究所安排并对翻译的准确性及质量负全部责任。如有出入，应以英文原版为准。

ISBN 978-92-5-134693-8（粮农组织）
ISBN 978-7-109-28318-3（中国农业出版社）